高职高专土建类专业规划教材
建筑装饰工程技术专业

建筑装饰工程计量与计价

主　编　饶　武
副主编　朱文剑
参　编　杨喜人　熊　林
主　审　何　辉

机械工业出版社

本书是按照高职高专建筑装饰工程技术专业和相关专业的教学基本要求编写的，主要内容包括：基本建设的相关知识，装饰工程定额，装饰工程工程量的计算，装饰工程的费用与装饰工程预算编制，装饰工程工程量清单计价，装饰工程预算、结算的审查和审核，装饰工程招标与投标，装饰工程计价软件。其中，工程量计算示例、定额计价和清单计价实例为读者提供了较丰富的学习和实训资料。

本书可作为高职高专建筑装饰工程技术、室内设计、工程造价专业的通用教材，也可供装饰类相关专业及自学考试、岗位技术培训等参考使用。

图书在版编目（CIP）数据

建筑装饰工程计量与计价／饶武主编．—北京：机械工业出版社，2008.9（2012.7重印）

高职高专土建类专业规划教材．建筑装饰工程技术专业

ISBN 978-7-111-25004-3

Ⅰ．建… Ⅱ．饶… Ⅲ．建筑装饰－工程造价－高等学校：技术学校－教材 Ⅳ．TU723.3

中国版本图书馆CIP数据核字（2008）第132105号

机械工业出版社（北京市百万庄大街22号 邮政编码100037）
策划编辑：张荣荣
责任编辑：张荣荣 王黎庆 版式设计：张世琴 责任校对：张莉娟
封面设计：张 静 责任印制：杨 曦
北京鑫海金澳胶印有限公司印刷
2012年7月第1版·第4次印刷
184mm×260mm·11.25印张·273千字
标准书号：ISBN 978-7-111-25004-3
定价：25.00元

凡购本书，如有缺页、倒页、脱页、由本社发行部调换

电话服务
社服务中心：(010)88361066
销售一部：(010)68326294
销售二部：(010)88379649
读者购书热线：(010)88379203

网络服务
门户网：http://www.cmpbook.com
教材网：http://www.cmpedu.com

封面无防伪标均为盗版

高职高专建筑装饰工程技术专业系列教材
编审委员会名单

出 版 说 明

近年来，随着国家经济建设的迅速发展，建设工程的发展规模不断扩大，建设速度不断加快，对建筑类具备高等职业技能的人才需求也随之不断加大。为了贯彻落实《国务院关于大力推进职业教育改革与发展的决定》的精神，我们通过深入调查，在全国高职高专教育土建类专业教学指导委员会的指导与大力支持下，组织了全国三十余所高职高专院校的一批优秀教师，编写出版了本套教材。

本套教材以《高等职业教育建筑装饰工程技术专业教育标准和培养方案》为纲，编写中注重培养学生的实践能力，基础理论贯彻“实用为主、必需和够用为度”的原则，基本知识采用广而不深、点到为止的编写方法，基本技能贯穿教学的始终。在教材的编写中，力求文字叙述简明扼要、通俗易懂。本套教材结合了专业建设、课程建设和教学改革成果，在广泛的调查和研讨的基础上进行规划和编写，在编写中紧密结合职业要求，力争能满足高职高专教学需要并推动高职高专建筑装饰工程技术专业的教材建设。

本套教材包括建筑装饰工程技术专业的15门主干课程，编者来自全国多所在建筑装饰工程技术专业领域积极进行教育教学研究，并取得优秀成果的高等职业院校。在未来的2~3年内，我们将陆续推出工程造价、工程监理、市政工程、园林景观等土建类各专业的教材及实训教材，最终出版一系列体系完整、内容优秀、特色鲜明的高职高专土建类专业教材。

本套教材适用于高职高专院校、成人高校、继续教育学院和民办高校的建筑装饰工程技术专业使用，也可作为相关从业人员的培训教材。

机械工业出版社

2008年10月

序　言

为了全面贯彻《国务院关于大力推进职业教育改革与发展的决定》，认真落实《教育部关于全面提高高等职业教育教学质量的若干意见》，培养建筑装饰行业紧缺的工程管理型、技术应用型人才，依照高职高专教育土建类专业教学指导委员会编制的建筑装饰工程技术专业的教育标准、培养方案及主干课程教学大纲，我们组织了全国多所在该专业领域积极进行教育教学改革，并取得许多优秀成果的高等职业院校的老师共同编写了这套系列教材。

本套系列教材包括《设计素描》、《设计色彩》、《构成》、《建筑装饰制图与识图》、《建筑装饰制图与识图习题集》、《建筑装饰构造》、《建筑装饰材料》、《建筑装饰设计基础》、《建筑装饰表现技法》、《室内设计》、《家具设计》、《建筑装饰计算机辅助设计》、《建筑装饰施工》、《建筑装饰施工组织》、《建筑装饰工程计量与计价》等15个分册，较好地体现了土建类高等职业教育培养“施工型”、“能力型”、“成品型”人才的特征。本着遵循专业人才培养的总体目标和体现职业型、技术型的特色以及反映最新课程改革成果的原则，整套教材在体系的构建、内容的选择、知识的互融、彼此的衔接和应用的便捷上不但可为一线老师的教学和学生的学习提供有效的帮助，而且必定会有力推进高职高专建筑装饰工程技术专业教育教学改革的进程。

教学改革是一项在探索中不断前进的过程，教材建设也必将随之不断革故鼎新，希望使用该系列教材的院校以及老师和同学们及时将你们的意见、要求反馈给我们，以使该系列教材不断完善，成为反映高等职业教育建筑装饰工程技术专业改革最新成果的精品系列教材。

高职高专建筑装饰工程技术专业系列教材编审委员会

2008年10月

前　　言

《建筑装饰工程计量与计价》是高职高专建筑装饰工程技术专业系列教材之一，是根据全国高等学校土建学科教学指导委员会高等职业教育专业委员会制定的装饰专业的教育标准、培养方案、该门课程教学的基本要求及参照建设类管理人员从业资格要求编写的。

本书在编写中，按照2002年建设部颁发的《全国统一建筑装饰装修工程消耗量定额》(GYD-901—2002) 以及2003年建设部、财政部颁发的《建筑安装工程费用项目组成》(建标〔2003〕206号)、《建筑工程工程量清单计价规范》(GB 50500—2003) 和《建筑工程建筑面积计算规则》(GB/T 50353—2005) 和省市工程造价管理文件，并结合实际工程进行编写。在编写过程中，力求体系结构简洁明了，知识过渡合理，将定额计价与工程量清单计价通过实例进行对比讲述，适应了装饰工程造价管理改革的需要。书中内容安排深入浅出，从定额的基本知识、工程量的计算、计价文件的编制到计价软件的应用，循序渐进，难度适宜。尽量采用图示、表格等方式直观地表达应掌握的学习内容。其中选用了不太复杂的办公室装饰装修工程，采用定额计价和清单计价分别编制了两套完整的计价示例，该工程实例同时贯穿于计价软件的应用中。此外，在本书最后的附录中，将《建筑工程工程量清单计价规范》(GB 50500—2008) 的"附录B装饰装修工程工程量清单项目及工程量计算规则"与《建筑工程工程量清单计价规范》(GB 50500—2003) 的不同之处进行了说明。因此，本教材具有新颖性、实用性、可读性和整体性强等特点。

本教材由广东建设职业技术学院饶武任主编，朱文剑任副主编，广东建设职业技术学院杨喜人、浙江工业大学浙西分校熊林参加编写。书中，第4章、第5章、第8章中的8.2.2节由饶武编写，第1章、第6章、第7章、第8章由朱文剑编写，第2章由熊林编写，第3章由杨喜人编写，全书由饶武统稿。

由于编写时间仓促，编者水平有限，书中难免存在疏漏和不足之处，敬请广大读者批评指正。

编　者

目　录

第1章 绪　论

学习目标：

1. 了解建筑装饰装修的概念和了解本课程的任务；掌握建设工程项目划分。
2. 掌握工程造价的不同表现形式及其含义。
3. 了解建筑装饰工程计价模式。

学习重点：

1. 建设工程项目划分。
2. 项目建设各阶段造价之间的关系。

学习建议：

1. 了解建筑装饰装修的概念时，可结合现在的建筑装饰装修市场各企业的名称来理解。
2. 结合本学校的建筑物及其构造组成，理解建筑工程项目的划分。
3. 结合建筑工程的建设程序，了解各阶段造价之间的关系。
4. 学习建筑装饰工程计价模式时，应重点掌握各种计价模式之间的区别。

1.1 建筑装饰装修工程概述

建筑装饰装修工程是为了保护建筑物的主体结构、完善建筑物的使用功能和美化建筑物，采用装饰装修材料或饰物，对建筑物的内外表面及空间进行的各种处理过程。建筑装饰工程是房屋建筑工程的装饰或装修的简称。而装饰与装修的概念是不同的。

1.1.1 建筑装饰的概念

建筑装饰是指建筑饰面，即为了满足人们视觉要求和对建筑主体结构的保护作用而进行的艺术处理与加工，也称为后期装饰、高级装饰、现代装饰。目前社会上泛称为装饰工程，指的就是建筑装饰（后期装饰）。

1.1.2 建筑装修的概念

建筑装修是指建筑物主体结构完成后为满足使用功能的需要而进行的装饰与修饰，也可称为前期装饰、传统装修、一般装修、粗装修。

随着科学技术的进步和人类生活水平的提高，目前的一些房地产公司，根据本地区的情况，把要销售的房屋进行了装饰（一般或高级装饰），致使装饰与装修的区别难以准确地进行解释和界定，实际上已经成为不可分割的工作实体。

同时，建筑装饰施工不断采用现代新型材料，集材性、工艺、造型、色彩、美学为一体，逐步用干作业代替湿作业。因此，习惯上将二者统称为建筑装饰工程。

1.2 建筑装饰工程计量和计价课程的内容和任务

建筑装饰工程计量和计价课程主要包括建筑装饰工程计量和建筑装饰工程计价两大部分。

1.2.1 建筑装饰工程计量课程的内容和任务

建筑装饰工程计量的主要任务是：研究建筑装饰工程的施工生产成果与施工生产消耗之间内在的定量关系，采用科学方法，合理制定建筑装饰工程产品生产过程中所应消耗的人工、材料和机械的标准；研究装饰工程工程量的计算规则和计算方法；研究工程量清单的编制方法。其主要内容包括：建筑装饰工程消耗量定额的编制和应用；装饰工程工程量的计算规则和应用；工程量清单的编制依据、原则和方法。

1.2.2 建筑装饰工程计价课程的内容和任务

建筑装饰工程计价的主要任务是：根据国家的有关政策、地方行政主管部门的有关规定以及现行的各地区的装饰工程计价办法，按照各地建筑装饰市场的信息状况，合理计算确定装饰工程造价。其主要内容包括：建筑装饰工程造价的基本概念、建筑装饰工程费用、建筑装饰工程造价文件的编制。

1.3 建设工程项目划分

为了便于对体积庞大的装饰工程项目产品进行计价，我们将建设项目的整体，依据其组成进行科学地分解，依次划分为若干个单项工程、单位工程、分部工程和分项工程。

1.3.1 建设项目

建设项目又称投资项目，是指在一个总体设计范围内，按照一个设计意图进行施工的单项工程的总和。一个具体的基本建设工程，通常就是一个建设项目。在工业建筑中，建设一个工厂就是一个建设项目；在民用建筑中，建设一所学校、一所医院、一个住宅小区等都是一个建设项目。建设项目在其初步设计阶段是以建设项目为对象编制总概算，确定项目造价，竣工验收后编制决算。

1.3.2 单项工程

单项工程又称工程项目，是指在一个建设项目中，具有独立的设计文件，竣工后可以独立发挥生产能力或使用效益的工程。单项工程是建设项目的组成部分。在工业建筑中的各个生产车间、辅助车间、仓库等，在民用建筑中的教学楼、图书馆、住宅等都是单项工程。单项工程的造价是通过编制单项工程综合概预算来确定的。

1.3.3 单位工程

单位工程是单项工程的组成部分，是指竣工后一般不能独立发挥生产能力或效益，但具有独立的设计文件，能独立组织施工的工程。单位工程是单项工程的组成部分。例如一个生产车间的厂房修建、电器照明、给水排水、机械设备安装、电气设备安装等都是单位工程；住宅单项工程中的土建、装饰、给水排水、电器照明等都是单位工程。

单位工程的造价是以单位工程为对象编制确定的。

1.3.4 分部工程

按照工程部位、设备种类和型号及使用材料的不同，可将一个单位工程划分为若干个分部工程。分部工程是单位工程的组成部分。例如房屋的装饰工程，可分为抹灰工程、门窗工程、吊顶工程、轻质隔墙工程、饰面板（砖）工程、幕墙工程、涂饰工程、裱糊与软包工程、楼地面工程、细部工程等。

1.3.5 分项工程

分项工程是分部工程的组成部分。按照不同的施工方法、不同的材料性质等，可将一个分部工程分解为若干个分项工程。例如，装饰工程定额将抹灰工程可分为底层抹灰、一般抹灰和装饰抹灰等。分项工程是单项工程组成部分中最基本的构成因素。每个分项工程都可以用一定的计量单位（例如砖墙的计量单位为 $1m^3$）计算，并能求出完成相应计量单位分项工程所需消耗的人工、材料、机械台班的数量及其预算价值。

1.4 工程造价的表现形式

按项目所处的建设阶段不同，造价有不同的表现形式，主要包括投资估算、设计概算、施工图预算、投标报价、承包合同价、工程结算价、竣工决算等。

1.4.1 投资估算

投资估算是在项目建议书和可行性研究阶段，依据现有的市场、技术、环境、经济等的资料和一定的方法，对建设项目的投资数额进行估计，即投资估算造价。投资估算是建设项目决策的一个重要依据。根据国家规定，在整个建设项目投资决策过程中，必须对拟建的建设工程造价（投资）进行估算，并据此研究是否进行投资建设。投资估算的准确性是十分重要的，若估算误差过大，必将导致决策的失误。因此，准确、全面地估算建设项目的工程造价是建设项目可行性研究的重要依据，也是整个建设项目投资决策阶段工程造价管理的重要任务。

1.4.2 设计概算

设计概算是在初步设计阶段，由设计单位根据设计文件、概算定额或概算指标等有关的技术经济资料，预先计算和确定建设项目从筹建到竣工验收、交付使用的全部建设费用的经济文件。设计概算是设计方案优化的经济指标，经过批准的概算造价，即成为控制拟建项目工程造价的最高限额，成为编制建设项目投资计划的依据。

1.4.3 施工图预算

施工图预算是在施工图设计完成后，根据施工图设计图样、预算消耗定额等资料编制的、反映建筑安装工程造价的文件。

施工图预算是设计阶段控制施工图设计造价不超过概算造价的重要措施。施工图的设计资料较初步设计文件更详细、具体，因而施工图预算较设计概算更准确、更符合工程项目的建设资金需要，施工图预算也可以作为调整项目投资计划的依据。

1.4.4 投标报价

实行招投标的工程，投标人在投标报价前应对工程造价进行计价和分析，计价时根据招标文件的内容要求、自己企业采用的消耗定额及费用成本和有关资源要素价格等资料，确定工程造价；然后根据拟定的投标策略报出自己的投标报价。投标报价是投标书的一个重要组成部分，也是工程造价的一种表现形式。它是投标人根据自己的消耗水平和市场因素综合考虑后确定的工程造价。

1.4.5 承包合同价

招投标制表现为同一工程项目由若干个投标人各自报出自己的报价，通过竞争选择价格、技术和管理水平均较好的投标人为中标人，并以中标价（中标人的报价）作为签订工程承包合同的依据。

对于非招标的工程，在签订承包合同前，承包人也应先对工程造价进行计价，编制拟建工程的预算书或报价单，或者由发包人编制工程预算，然后承发包双方协商一致，签订工程承包合同。

工程承包合同是发包和承包交易双方根据招投标文件及有关规定，为完成商定的建筑安装工程任务，明确双方权利、义务关系的协议。在承包合同中，有关工程价款方面的内容及条款所构成的合同价是工程造价的另一种表现形式。

1.4.6 工程结算价

工程结算价包括工程中间结算价和工程竣工结算价。

工程中间结算价是承包商在工程实施过程中，根据承包合同的有关内容和已经完成的合格工程数量计算的工程价款，以便与业主办理工程进度款的支付（即中间结算）。工程价款结算可以采用多种方式，如按月的定期结算，或按工程形象进度分不同阶段进行的结算，或是工程竣工后的一次性结算。工程的中间结算价实际上是工程在实施阶段中已经完成部分的实际造价，是承包项目实际造价的组成部分。

工程竣工结算指不论是否进行过中间结算，承包商在完成合同规定的全部内容后，应按要求与业主进行工程的竣工结算。竣工结算价是在完成合同规定的单项工程、单位工程等全部内容，按照合同要求验收合格后，并按合同中约定的结算方式、计价单价、费用标准等，核实实际工程数量，汇总计算承包项目的最终工程价款。因此，竣工结算价是确定承包工程最终实际造价的经济文件，以它为依据办理竣工结算后，就标志着发包方和承包方的合同关系和经济责任关系的结束。

1.4.7 竣工决算

在建设项目或单项工程竣工验收，准备交付使用时，由业主或项目法人全面汇集在工程建设过程中实际花费的全部费用的经济文件。竣工决算反映的造价是正确核定固定资产价值，办理交付使用，以及考核和分析投资效果的依据。

1.4.8 项目建设各阶段造价之间的关系

建筑装饰工程项目建设各阶段造价之间的关系如图 1-1 所示。

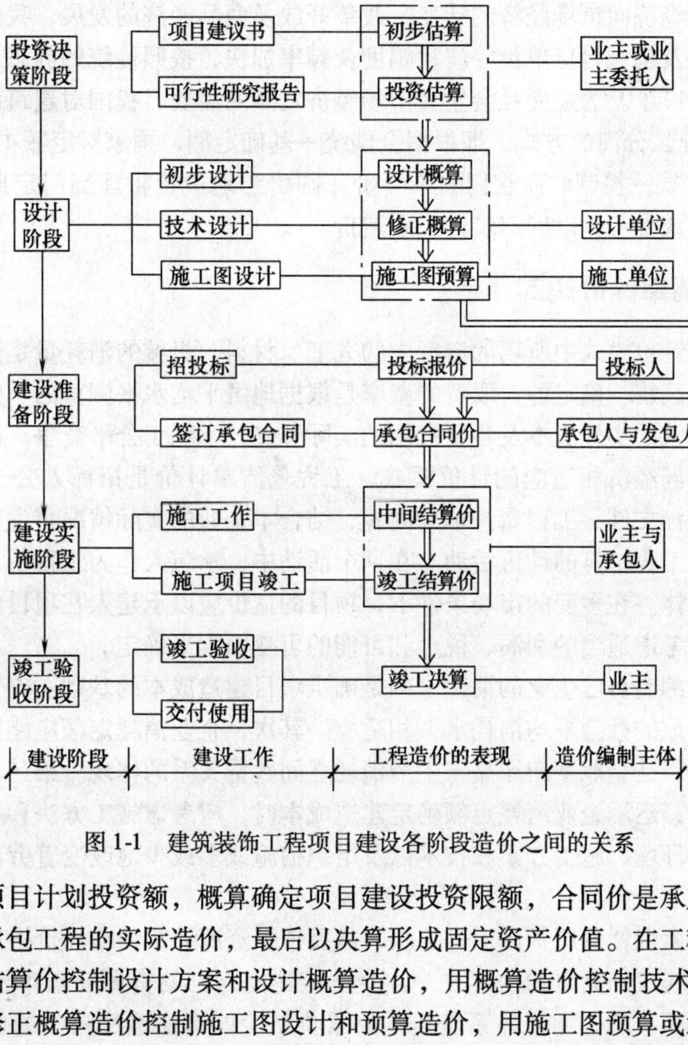

图 1-1 建筑装饰工程项目建设各阶段造价之间的关系

估算确定项目计划投资额，概算确定项目建设投资限额，合同价是承发包工程的交易价格，结算反映承包工程的实际造价，最后以决算形成固定资产价值。在工程造价全过程的管理中，用投资估算价控制设计方案和设计概算造价，用概算造价控制技术设计和修正概算，用概算造价或修正概算造价控制施工图设计和预算造价，用施工图预算或承包合同价控制结算价，最后使竣工决算造价不超过投资限额。工程建设中各种表现形式的造价构成了一个有机整体，前者控制着后者，后者补充着前者，共同达到控制工程造价的目的。

1.5 建筑装饰工程计价模式

1.5.1 定额计价模式

1.5.1.1 静态的定额计价模式

从中华人民共和国成立至 20 世纪 90 年代初，我国工程造价基本上沿用了传统的定额计价模式，即先根据工程量计算规则计算工程量，再根据费用标准算出工程造价。这种计价模式有如下特点：一是没有反映出各施工企业的个性。项目中的人工、材料和机械的消耗量是按照社会平均水平给定的。二是没有反映出人工费、材料费、机械费单价的市场波动变化。所以说，这种模式是静态的，它在我国计划经济年代被广泛采用。

1.5.1.2 动态的定额计价模式

随着我国计划经济向市场经济的转变、改革开放及商品经济的发展，我国建筑市场的人工单价、材料价格及机械台班单价等波动幅度及频率加快，按照传统的静态计价模式计算工程造价就显得不适应了。为适应社会主义市场经济发展的需要，我国对建筑装饰工程造价计算按照“量”、“价”分离的方式，即根据全国统一基础定额，国家对定额中的人工、材料、机械等消耗“量”统一控制，而它们的单“价”则由当地造价管理部门定期发布市场信息价作为计价的指导或参考，以确定装饰工程造价。

1.5.2 工程量清单计价模式

上述两种定额计价模式中所用的定额中的人工、材料、机械的消耗量是按社会平均水平测得的，价格是地区统一确定的，取费的费率是根据地区平均水平测算的。因此，这种计价不能真正反映承包人的实际成本及各项费用的实际开支，不利于公平竞争。而工程量清单计价模式是一种与市场经济相适应的计价模式，工程量清单计价是招标人公开提供工程量清单，投标人根据招标文件、工程量清单等内容，结合本企业的实际情况自主报价，并据此签订合同价款，进行工程结算的计价活动。在这个活动中，承包人作为工程项目的承建者，是工程造价的确定主体。在多变的市场条件下，项目的造价应以承建人在项目建造中合理的成本费用为基础，并考虑适当的利润、税金和可能的可变因素来确定。

项目的承包人编制自己企业的消耗定额是确定项目建造成本的基础。首先，企业消耗定额应能与当时、当地的社会平均消耗水平相适应。其次，企业消耗定额应能反映本企业的技术水平、管理水平，是企业生产产品与生产消耗之间数量关系的体现。第三，针对具体的不同类型的工程项目，运用企业消耗定额确定建造成本时，应考虑施工方法和具体施工条件的影响。不同的施工环境、施工方案和技术以及组织措施或多或少地改变着劳动效率和资源要素的消耗数量。

定额的资源要素消耗量用货币形式反映，需要依据资源要素的市场价格。企业的资源要素价格也是企业参与市场竞争的内容之一。企业应建立自己的资源要素市场价格获得（询价）体系和供应体系。通过询价体系获得的要素价格应能真实地反映市场价格水平，同时应和可实现的合理的供应渠道相对应，否则过高的供应渠道成本会使资源要素价格失去优势。企业的消耗定额和资源要素价格相结合反映了项目建造过程中的直接生产成本。因此，项目的管理费用和其他一些费用可以采用费用标准或费用定额的形式进行确定。

建造成本计算依据的编制、修订、管理及应用都由企业自己作主。

在建造成本的基础上，考虑适当的利润、应缴税金、风险费用和竞争策略，承包人可以自主地确定能参与市场竞争的工程造价，对准备承揽的工程项目进行自主的报价，并为自己报出的工程造价承担相应的风险。

与市场相适应的工程量清单计价模式也赋予了业主自主择优选择承建人的权力。

市场经济条件下，国家不再是建设项目惟一的投资主体。集体、个体等多种投资主体的比例在增大。业主在国家的宏观调控下，按市场需求投资建设。为了使建设项目投资发挥更大的效益，客观上要求业主按市场规律择优选择承建人，并为自己的认可选择权承担相应的责任和风险。因此承包人的报价权和发包人的认可选择权是双向性的市场制衡权力。

工程量清单计价的整个操作过程可以分成两个阶段，第一阶段是编制工程量清单，第二阶段是根据工程量清单填报单价或者说根据工程量清单对工程进行计价。

广义地说，工程量清单计价方式适用于所有建设工程的计价活动，但就建设工程的发包与承包程序和结果而言，主要用于建设工程招投标的清单计价活动中。当工程招标采用工程量清单计价时又叫清单招标。

本章小结

建筑装饰装修工程是为了保护建筑物的主体结构、完善建筑物的使用功能和美化建筑物，采用装饰装修材料或饰物，对建筑物的内外表面及空间进行各种处理的过程。建筑装饰工程是房屋建筑工程的装饰或装修的简称。目前社会上泛称的建筑装饰工程，指的是后期装饰。而装修则是前期装饰或称为粗装修。但现在已习惯上将二者统称为建筑装饰工程。

为了便于对体积庞大的装饰工程项目产品进行计价，将建设项目的整体依据其组成进行科学地分解，依次划分为若干个单项工程、单位工程、分部工程和分项工程。

按项目所处的建设阶段不同，造价有不同的表现形式，主要包括投资估算、设计概算、施工图预算、投标报价、工程承包价、工程结算价、竣工决算等。

建筑装饰工程的计价模式主要有定额计价模式及工程量清单计价模式。

复习思考题

1. 建筑装饰装修工程的概念是什么？
2. 建设项目依据其组成内容不同，可分解为哪五个层次？
3. 按项目所处的建设阶段不同，工程造价有哪些表现形式，它们之间有什么关系？
4. 建筑装饰工程有哪些计价模式？它们之间有什么异同点？

第2章　建筑装饰工程定额

学习目标：

1. 了解定额的含义，掌握工程建设定额的分类。

2. 掌握劳动定额、材料消耗定额、机械台班消耗定额的概念及消耗指标的测定方法。

3. 掌握建筑装饰装修工程消耗量定额的概念、作用、编制依据、编制原则，熟悉本地区建筑装饰工程定额组成及其内容。

4. 掌握人工工日单价、材料单价、机械台班单价的确定方法。

5. 掌握地区建筑装饰装修预算定额的应用，能够正确套用和换算本地区装饰工程消耗量定额。

学习重点：

1. 工程建设定额的分类。

2. 劳动定额、材料消耗定额、机械台班消耗定额消耗指标的测定方法。

3. 人工工日单价、材料预算单价、机械台班单价的确定方法。

4. 地区建筑装饰装修预算定额的应用。

学习建议：

1. 学习工程建设定额的不同分类，注意全国消耗量定额、地区消耗量定额、企业消耗量定额的不同。

2. 通过本章的学习，熟悉本地区建筑装饰装修预算定额的各分部组成及内容，具有正确套用和换算本地区装饰装修消耗量定额的能力。

2.1　工程建设定额

2.1.1　工程建设定额的概念

定额是指人为规定的标准额度。就生产而言，定额反映生产成果和生产要素之间的数量关系。它指在一定生产力水平条件下，完成单位合格产品所必需消耗的人工、材料、机械及资金的数量标准，反映了一定的社会生产力水平条件下的产品生产和生产消费之间的数量关系。

工程建设定额是指在正常的施工条件和合理劳动组织、合理使用材料及机械的条件下，完成单位合格产品所必须消耗资源的数量标准。

“正常的施工条件”是界定定额研究对象的前提条件，因此，一般在定额的总说明、章节说明和定额子目的说明中均对定额编制的依据、工作内容、使用条件、调整方法等作了详细的规定和说明，了解具体工程建设的施工条件是正常使用定额的基础。

“合理劳动组织、合理使用材料和机械”是指应该按照定额规定的劳动组织条件来组织生产（包括人员、设备的配置和质量标准），施工过程中应当遵守国家现行的施工规范、规程和标准等。

“合格产品”是指施工生产所完成的产品或半成品必须符合国家或行业现行的施工验收规范和质量评定标准的要求。

“资源”主要包括在建设生产过程中所投入的人工、机械、材料和资金等生产要素。

从上可以看出，建设工程定额不仅规定了建设工程投入产出的数量标准，同时还规定了具体的工作内容、质量标准和安全要求。

2.1.2 工程建设定额的分类

工程建设定额是工程造价计算的基本依据，各类工程建设定额之间相互联系，相互制约，形成完整的工程建设定额体系，逐步建立起规范、有序的工程建设定额体系。

按照统一归口、全面规划、分级管理的原则，并充分发挥国务院各有关部门、各省市有关职能部门的作用，按照定额的通用程度、适用范围以及适应工程项目决策和实施各阶段计价的不同需要，整个定额体系划分成施工定额、预算定额、概算定额和概算指标四个纵向层次。按照定额的适用范围及管理分工，又可将定额划分成全国统一定额、行业统一定额和地区统一定额、企业定额四列横向结构。

由于工程建设定额的种类繁多，根据不同的划分方式有不同的名称，其分类主要包括：按生产要素分类、按专业分类、按编制单位及使用范围分类等。

2.1.2.1 按生产要素分类

生产过程是劳动者利用劳动手段，对劳动对象进行加工的过程。显然，生产活动包括劳动者、劳动手段、劳动对象三个不可缺少的要素。劳动者是指生产活动中各专业工种的工人，劳动手段是指劳动者使用的生产工具和机械设备，劳动对象是指原材料、半成品和构配件。按此三要素分类可分为劳动定额、材料消耗定额、机械台班消耗定额。

1. 劳动定额 劳动定额又称人工定额，它反映生产工人劳动生产率的平均水平。根据其表示形式可分成时间定额和产量定额。

（1）时间定额又称工时定额，是指在合

质量合格的单位产品所必须消耗的劳动时

组等）”为单位。一工日工作时间按现行制

（2）产量定额又称每工日产量，是

定某工种、某技术等级的工人（或人工

量。

2. 材料消耗定额 材料消耗定额

生产质量合格的单位工程产品所必须

配件、动力与燃料的数量标准。

3. 机械台班消耗定额 机械

指在正常施工条件下，施工机械

械在单位时间内的生产率。按其

（1）机械时间定额是指在合理组织施工和合理使用机械的条件下，某种类型的机械为完成符合质量要求的单位产品所必须消耗的机械工作时间，单位以“台班”或“台时”表示。1台班是指施工机械工作时间8h。

（2）机械产量定额是指在合理组织施工和合理使用机械的条件下，某种类型的机械在单位机械工作时间内，应完成符合质量要求的产品数量。

2.1.2.2 按专业分类

1. 建筑工程消耗量定额 建筑工程消耗量定额是指建筑工程人工、材料及机械的消耗量标准。

2. 装饰工程消耗量定额 装饰工程是指房屋建筑的装饰装修工程。装饰工程消耗量定额是指建筑装饰装修工程人工、材料及机械的消耗量标准。

3. 安装工程消耗量定额 安装工程是指各种管线、设备等的安装工程。安装工程消耗量定额是指安装工程人工、材料及机械的消耗量标准。

4. 市政工程消耗量定额 市政工程是指城市的道路、桥梁等公共设施及公用设施的建设工程。市政工程消耗量定额是指市政工程人工、材料及机械的消耗量标准。

5. 仿古园林工程消耗量定额 仿古园林工程消耗量定额是指仿古园林工程人工、材料及机械的消耗量标准。

2.1.2.3 按编制单位及使用范围分类

建筑工程消耗量定额按编制单位及使用范围分类有：全国消耗量定额、地区消耗量定额及企业消耗量定额。

1. 全国消耗量定额 全国消耗量定额是指由国家主管部门编制，作为各地区编制地区消耗量定额依据的消耗量定额。如《全国统一建筑工程基础定额》、《全国统一建筑装饰装修工程消耗量定额》（GYD-901—2002）。

2. 地区消耗量定额 地区消耗量定额是指由本地区建设行政主管部门根据合理的施工组织设计，按照正常施工条件所制定的，生产一个规定计量单位工程合格产品所需的人工、材料、机械台班的社会平均消耗量定额。作为编制标底依据，施工企业在没有本企业消耗量定额的情况下也可将地区消耗量定额作为投标的参考依据。

3. 企业消耗量定额 企业消耗量定额是指施工企业根据本企业的施工技术和管理水平，以及有关工程造价资料制定的，并供本企业使用的人工、材料和机械消耗量定额。

全国消耗量定额、地区消耗量定额和企业消耗量定额三者的异同见表2-1。

表2-1 消耗量定额比较表

[illegible]额名称	全国消耗量定额	地区消耗量定额	企业消耗量定额
[illegible]	[illegible]确定分项工程的人工、材料和机械台班消耗量标准		
[illegible]	[illegible]会平均水平	本地区社会平均水平	本企业个别水平
[illegible]	[illegible]	各省、市、区	施工企业
[illegible]	[illegible]	本地区	本企业
[illegible]	[illegible]	作为本地区的编制标底，或施工企业参考	本企业内部管理及投标使用

建筑工程定额分类汇总如图 2-1 ~ 图 2-5 所示。

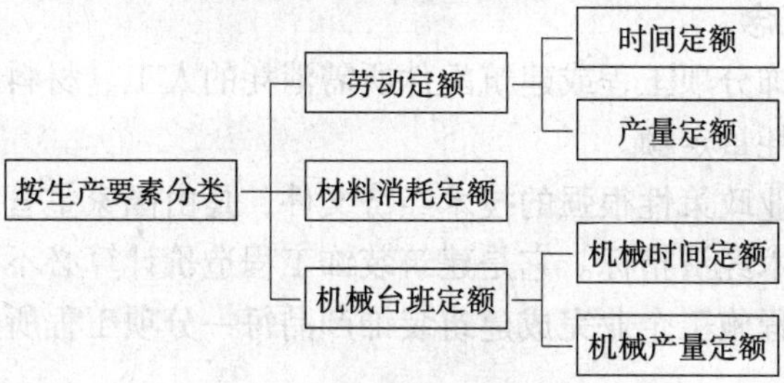

图 2-1　按生产要素分类

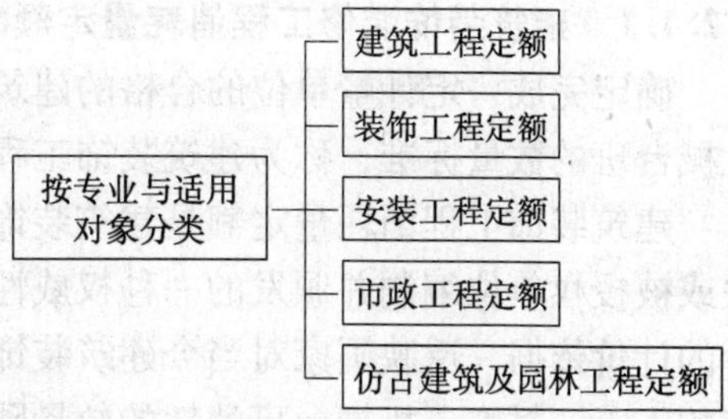

图 2-2　按专业与适用对象分类

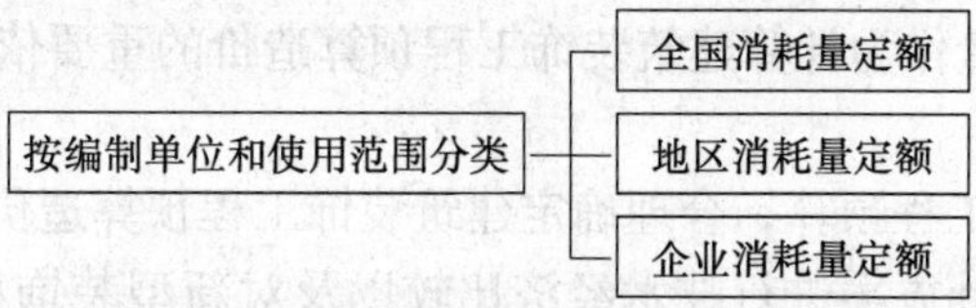

图 2-3　按编制单位和使用范围分类

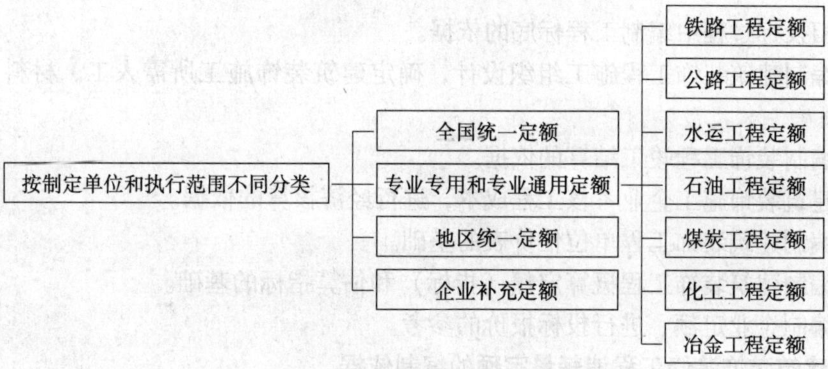

图 2-4　按制定单位和执行范围不同分类

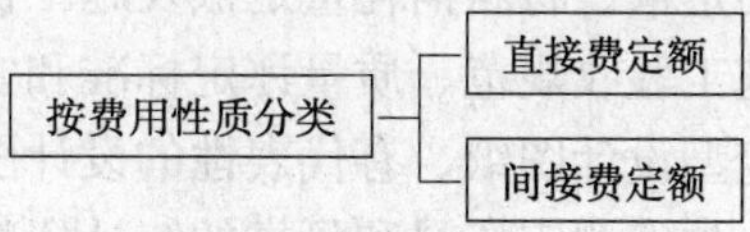

图 2-5　按费用性质分类

2.2　建筑装饰装修工程消耗量定额

2.2.1　建筑装饰装修工程消耗量定额概述

建筑装饰工程从装饰装修专业角度来看，已经发展成为一个独立的专业化工程，因此，建筑装饰工程计价也发展成为一门独立的技术经济学科。为了正确地、独立地、专业化地对建筑装饰工程进行计价，确定标底和进行投标报价，必须使用针对性很强的建筑装饰工程预算定额。建设部继 1992 年《全国统一建筑装饰工程预算定额》后，2002 年又颁发了《全国统一建筑装饰装修工程消耗量定额》（GYD-901—2002）。当前，各省、市、自治区以《全国统一建筑装饰装修工程消耗量定额》（GYD-901—2002）为依据，分别编制了适合本地区的建筑装饰工程预算定额，并与现行的《全国统一建筑装饰装修工程消耗量定额》（GYD-

901—2002）一起配套使用。

2.2.1.1　建筑装饰装修工程消耗量定额的概念

确定完成一定计量单位的合格的建筑装饰分项工程或建筑配件所需消耗的人工、材料和机械台班的数量标准，称为建筑装饰工程消耗量定额。

建筑装饰工程消耗量定额是建筑装饰行业政策性很强的技术经济文件，是由国家主管机关或被授权单位编制并颁发的一种权威性技术经济指标。它是建筑装饰工程造价计算必不可少的计价依据，反映国家对当今建筑装饰工程施工企业完成建筑装饰产品每一分项工程所规定的人工、材料、机械台班消耗的数量限额。

2.2.1.2　建筑装饰装修工程消耗量定额的作用

建筑装饰工程消耗量作为计算建筑装饰工程预算造价的重要依据，其作用主要体现在以下方面：

（1）编制建筑装饰工程预算，合理确定建筑装饰工程预算造价的依据。

（2）对建筑装饰设计方案进行技术经济比较以及对新型装饰材料进行技术经济分析的依据。

（3）招投标过程中编制工程标底的依据。

（4）编制建筑装饰工程施工组织设计，确定建筑装饰施工所需人工、材料及机械需用量的依据。

（5）编制装饰工程竣工结算的依据。

（6）建筑装饰施工企业考核工程成本，进行经济核算的依据。

（7）编制建筑装饰工程单位估价表的基础。

（8）编制建筑装饰工程概算定额（指标）和估算指标的基础。

（9）编制企业定额、进行投标报价的参考。

2.2.1.3　建筑装饰装修工程消耗量定额的编制依据

（1）现行的全国统一劳动定额、材料消耗量定额及施工机械台班使用定额。

（2）现行的设计规范、施工验收规范、质量评定标准和安全操作规程。

（3）通用的标准图集、定型设计图纸、有代表性的设计图纸或图集。

（4）有关科学实验资料、技术测定资料和可靠的统计资料。

（5）已推广的新技术、新材料、新结构、新工艺的资料。

2.2.1.4　建筑装饰装修工程消耗量定额的编制原则

1. 按社会平均必要劳动量确定定额水平　在商品生产和商品交换的条件下，确定消耗量定额的消耗量指标，应遵循价格规律的要求，按照产品生产中所消耗的社会平均必要劳动时间确定其定额水平。即在正常施工条件下，以平均的劳动强度、平均的劳动熟练程度、平均的技术装备水平来确定完成每一单位分项工程所需的劳动消耗，作为确定预算定额水平的主要原则。

2. 简明适用　消耗量定额的内容和形式，既要满足各方面使用的需要（如编制预算、办理结算、编制各种计划和进行成本核算等），具有多方面的适用性，同时又要简明扼要、层次分明、使用方便。预算定额的项目应尽量齐全完整，要把已成熟和推广的新技术、新结构、新材料、新机具和新工艺等项目编入定额。对缺漏项目，要积累资料，尽快补齐。简明适用的核心是定额项目划分要粗细恰当，步距合理。这里的步距是指同类型产品（或同类工程内容）相邻项目之间的定额水平的差距。步距大小同定额的简明适用程度关系极大。步距大，定额项目就会减少，但定额水平的准确度则会降低，不利于提高劳动生产率；步距小，定额项目就会增多，定额水平的准确度则会提高，但使用和管理都不方便。因此，定额步距的大小必须适中、合理。

贯彻简明适用的原则，还体现在预算定额计量单位的选择上，要考虑简化工程量计算的问题。如抹灰定额中的"m^2"就比用"m"作为定额的计量单位方便。

2.2.1.5 建筑装饰装修工程消耗量定额的计量单位的选择（表2-2和表2-3）

表2-2 消耗量定额计量单位的选择

序号	构件形体特征及变化规律	计量单位	实例
1	长、宽、高(厚)三个度量均变化	立方米(m^3)	土方、砌体、钢筋混凝土构件等
2	长、宽两个度量变化，高(厚)一定	平方米(m^2)	楼地面、门窗、抹灰、油漆等
3	截面形状、大小固定，长度变化	米(m)	楼梯木扶手、装饰线等
4	设备和材料质量变化大	吨或千克(t或kg)	金属构件、设备制作安装
5	形状没有规律且难以度量	套、台、座、件(个或组)	铸铁头子、弯头、卫生洁具安装等

表2-3 消耗量定额计量单位选择方法

序号	项目	计量单位	小数位数
1	人工	工日	两位小数
2	机械	台班	两位小数
3	钢材	t	三位小数
4	木材	m^3	三位小数
5	水泥	kg	三位小数
6	其他材料	与产品计量单位基本一致	两位小数

2.2.1.6 建筑装饰装修工程消耗量定额的组成及其内容

建筑装饰装修工程消耗量定额的结构按其组成顺序分为总说明，目录，分部、分项章节和附录。

1. 定额说明部分 它包括定额总说明、各章节（分部）说明和定额表说明。

2. 工程量计算规则 工程量计算规则是定额的重要组成部分，它与定额表格配套使用，才能正确计算分项工程的人工、材料、机械台班消耗量。

3. 定额表 定额表是定额的主体内容，用表格的形式表示出来。

建筑装饰工程消耗量定额的结构如图2-6所示。

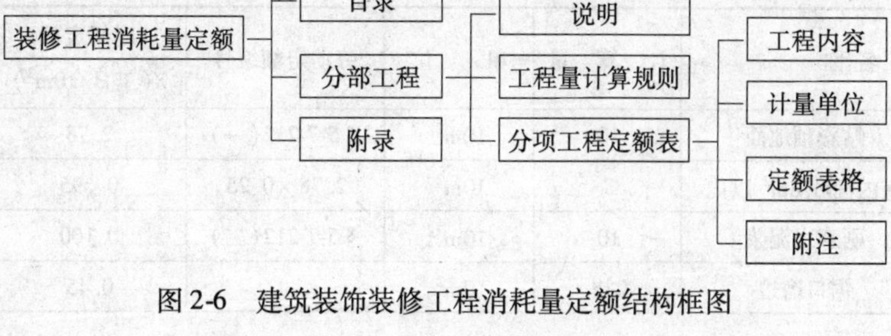

图2-6 建筑装饰装修工程消耗量定额结构框图

定额表是建筑装饰装修工程消耗量定额的核心，包括4个方面的内容，即分项工程项目的工作内容、工程量的计量单位、定额表格和必要的附注。

2.2.2 建筑装饰装修工程消耗量定额的消耗指标的确定

2.2.2.1 人工消耗量指标的确定

人工消耗量指标是指完成一定计量单位分项工程或结构构件所必需的各种用工量，包括基本工和其他工两部分内容。

基本工是指完成单位合格产品所必需消耗的技术工种用工，以不同工种列出定额工日。其他工是指技术工种劳动定额内不包括、而计价定额内又必须考虑的工时，其内容包括辅助用工、超运距用工、人工幅度差。

1. 辅助用工 指材料加工的用工和施工配合的用工，如筛砂子、洗石子、整理模板、机械土方配合用工等。

2. 超运距用工 指超距离运输所增加的用工。

3. 人工幅度差 指在劳动定额中未包括、而在计价定额中又必须考虑的用工，其内容包括：

（1）各工种间的工序搭接及交叉作业相互配合所发生的停歇用工。

（2）施工机械的转移及临时水、电线路移动所造成的停工。

（3）质量检查和隐蔽工程验收工作的影响。

（4）班组操作地点转移用工。

（5）工序交接时对前一工序不可避免的修正用工。

（6）施工中不可避免的其他零星用工。

人工消耗量指标的计算公式：

$$\text{基本工日}=\Sigma(\text{工序工程量}\times\text{时间定额}) \tag{2-1}$$

$$\text{超运距}=\text{定额规定的运距}-\text{劳动定额已包括的运距} \tag{2-2}$$

$$\text{超运距用工工日}=\Sigma(\text{超运距材料数量}\times\text{时间定额}) \tag{2-3}$$

$$\text{辅助用工工日}=\Sigma(\text{加工材料数量}\times\text{时间定额}) \tag{2-4}$$

$$\text{人工幅度差}=(\text{基本工日}+\text{超运距用工工日}+\text{辅助用工工日})\times\text{人工幅度差系数} \tag{2-5}$$

【例2.1】 计算贴100m^2彩釉砖楼地面的人工消耗量。其中，块料、水泥砂浆、中砂的运距分别为230m、150m、100m。

【解】

100m^2彩釉砖楼地面的人工消耗量计算见表2-4。

表2-4 100m^2彩釉砖楼地面的人工消耗量

项目名称		计算量	单位	劳动定额编号	时间定额/(工日/10m^2)	人工消耗/(工日/10m^2)
基本工日+辅助用工工日	贴彩釉地面	10	10m^2	§5-7-212(一)	2.78	27.8
	室内面积8m^2以内	3	10m^2	2.78×0.25	0.695	2.085
	刷素水泥浆	10	10m^2	§5-7-212(二)	0.100	1.000
	锯口磨边	2.8	10m^2		0.45	1.260

（续）

项目名称		计算量	单位	劳动定额编号	时间定额/(工日/10m²)	人工消耗/(工日/10m²)
超运距用工工日	块料超运距 180m	10.2	10m²	§5-8-259(三)换	0.069	0.704
	水泥砂浆超运距 100m	10	10m²	§5-8-258(一)	0.083	0.830
	中砂超运距 50m	1.073	m²	§5-8-256(八)	0.103	0.111
人工幅度差		(27.8+2.085+1.0+1.26+0.704+0.83+0.111)×10%				3.379
合计						37.17

2.2.2.2 材料消耗量指标的确定

1. 材料消耗量定额的构成 材料消耗量包括：

（1）直接耗用于建筑安装工程上的构成工程实体的材料。

（2）不可避免产生的施工废料。

（3）不可避免的材料施工操作损耗。

材料消耗净用量与材料损耗量的划分：直接构成工程实体的材料，称为材料消耗净用量；不可避免的施工废料和材料施工操作损耗，称为材料损耗量。

材料消耗净用量与材料损耗量之间的关系：

$$\text{材料消耗量}=\text{材料消耗净用量}+\text{材料损耗量} \tag{2-6}$$

$$\text{材料损耗率}=\frac{\text{材料损耗量}}{\text{材料消耗净用量}} \tag{2-7}$$

$$\begin{aligned}\text{因此，材料消耗量}&=\text{材料消耗净用量}+(\text{材料净用量}\times\text{材料损耗率})\\&=\text{材料消耗净用量}\times(1+\text{材料损耗率})\end{aligned} \tag{2-8}$$

2. 编制材料消耗定额的基本方法

（1）现场技术测定法：指在施工现场对施工项目进行实际观察、称量和测算所完成的产品数量，以及实际使用的材料数量，并经整理计算确定其材料消耗量的一种方法。

用该方法可以取得编制材料定额的全部资料。

一般来说，材料消耗量定额中的净用量比较容易确定，损耗比较难确定。我们可以通过现场技术测定法来确定材料的损耗量。

（2）试验法：在实验室内采用专门的仪器设备，通过实验的方法来确定材料消耗定额的一种方法。用这种方法提供的数据，虽然精确度较高，但容易脱离现场实际情况，一般适用于测定那些对强度、硬度和其他规定指标有一定要求的施工材料（如确定砂浆和混凝土单位体积的材料消耗量）。

（3）统计法：通过对现场用料的大量统计资料进行分析计算的一种方法。用该方法可以获得材料消耗定额的数据。

虽然统计法比较简单，但不能准确区分材料消耗的性质，因而不能区分材料净用量和损耗量，只能笼统地确定材料消耗定额。

（4）理论计算法：运用一定的计算公式确定材料消耗定额的方法。该方法较适合计算块状、板状、卷材状的材料消耗量计算。

计价定额中，材料消耗量指标是指完成一定计量单位分项工程或结构构件所必需的各种材料用量，包括净用量和损耗量两部分。净用量是直接用于工程的材料数量，损耗量则由材料损耗率计算。材料损耗率见表 2-5。

表 2-5　材料、成品、半成品损耗率

序号	名　称	工程项目	损耗率（%）	序号	名　称	工程项目	损耗率（%）
	标准砖、八五砖	砖墙、地面、屋面空花墙	1		水泥花砖		1.5
					面砖		1.5
	标准砖、八五砖	基础	0.4		泰山砖		1.5
	标准砖、八五砖	方、矩形砖柱	3		劈裂砖墙地砖		1.5
	多孔砖、三孔砖	墙	1		波形瓦砖		1
	硅酸盐砌块、陶粒砌块		2		陶瓷质墙地砖	楼地面、踢脚线、楼梯、台阶	1.5
	加气混凝土砌块	砌筑、干铺	7				
	平瓦、小青瓦	包括脊瓦	2.5		陶瓷质墙地砖	其他	0.8
	石棉瓦		4		缸砖	地面	1
	石棉脊瓦		2		水泥		2
	硬质 PVC 落水管、檐沟接头		1		天然砂		1.5
	彩色花瓷砖		2		砂	混凝土工程	2
	白瓷砖		1.5		碎石、豆石（绿豆砂）	（石子）	2
	陶瓷锦砖（马赛克）	墙面	3		白石子	（白云石）	4
	陶瓷锦砖（马赛克）	地面	1		石膏		2
	拼花陶瓷锦砖（马赛克）	地面	2		生石灰		1
	玻璃锦砖（马赛克）	墙面	3				

1）砂浆用量计算。一般抹灰砂浆分为水泥砂浆、石灰砂浆、混合砂浆、素水泥浆及其他砂浆。抹灰砂浆配合比以体积比计算，其材料用量计算公式为

$$\text{砂浆用量}(\mathrm{m^3/100m^2})=100(\mathrm{m^2/100m^2})\times\text{层厚}(\mathrm{m})\times(1+\text{损耗率}) \tag{2-9}$$

$$\begin{array}{l}\text{贴块料面层灰缝}\\\text{或勾缝砂浆用量}\end{array}(\mathrm{m^3/100m^2})=(\text{实贴面砖面积}-\text{面砖净面积})(\mathrm{m^2/100m^2})\times\text{灰缝深}(\mathrm{m})\times(1+\text{损耗率}) \tag{2-10}$$

$$\text{砂子用量}(\mathrm{m^3})=\frac{\text{砂子比例数}}{\text{配合比总比例数}-\text{砂子比例数}\times\text{砂子空隙率}} \tag{2-11}$$

$$\text{水泥用量}(\mathrm{kg})=\frac{\text{水泥比例数}\times\text{水泥容重}(\mathrm{kg/m^3})}{\text{砂子比例数}}\times\text{砂子用量}(\mathrm{m^3}) \tag{2-12}$$

$$\text{石灰膏用量}(\mathrm{m^3})=\frac{\text{石灰膏比例数}}{\text{砂子比例数}}\times\text{砂子用量}(\mathrm{m^3}) \tag{2-13}$$

【例 2.2】　计算贴 $100\mathrm{m^2}$ 外墙面面砖的水泥砂浆的消耗量。其中，粘结层为 5mm 厚 1∶2 水泥砂浆，底层为 15mm 厚 1∶3 水泥砂浆，砂浆损耗率为 2%。

【解】

$$\text{底层砂浆消耗量}=100\mathrm{m^2}\times0.015\mathrm{m}\times(1+2\%)=1.53\mathrm{m^3}$$

$$\text{粘结层砂浆消耗量}=100\mathrm{m^2}\times0.005\mathrm{m}\times(1+2\%)=0.51\mathrm{m^3}$$

【例 2.3】 水泥石灰砂浆配合比为 1∶1∶6，水泥体积质量为 1200kg/m³，砂体积质量为 1550kg/m³、密度为 2650kg/m³。淋制 1m³ 石灰膏需用生石灰 600kg。求水泥石灰砂浆配合的材料用量。

【解】

$$砂空隙率 = \left(1 - \frac{1550kg/m^3}{2650kg/m^3}\right) \times 100\% = 41\%$$

$$砂用量 = \frac{6}{(1+1+6) - 6 \times 0.41} m^3 = 1.083m^3 > 1m^3 \text{ 取 } 1m^3$$

$$水泥用量 = \frac{1 \times 1200kg/m^3}{6} \times 1m^3 = 200kg$$

$$石灰膏用量 = \frac{1}{6} \times 1m^3 = 0.167m^3$$

$$生石灰 = \frac{0.167m^3 \times 600kg}{1m^3} = 100.20kg$$

2）装饰块料（板材）用量计算（每 100m²）。

$$装饰面层块料净用量(块) = \frac{100(m^2)}{\{[块料长(m)+灰缝(m)][块料宽(m)+灰缝(m)]\}/块} \quad (2\text{-}14)$$

$$装饰面层块料消耗量(块) = 面层净用量(块) \times (1 + 损耗率) \quad (2\text{-}15)$$

$$结合层砂浆净用量(m^3) = 100(m^2) \times 结合层厚度(m) \quad (2\text{-}16)$$

$$灰缝砂浆净用量(m^3) = \{100(m^2) - [块料长(m) \times 块料宽(m/块)] \times 块料净用量(块)\} \times 灰缝深(m) \quad (2\text{-}17)$$

$$砂浆总消耗量(m^3) = [结合层砂浆净用量(m^3) + 灰缝砂浆净用量(m^3)] \times (1 + 损耗率) \quad (2\text{-}18)$$

【例 2.4】 地砖规格为 500mm×500mm，结合层为 20mm，灰缝宽为 1mm，地砖损耗率为 2%，砂浆损耗率为 1.5%，试计算每 100m² 地面地砖和砂浆的材料消耗量。

【解】

$$地砖净用量 = \frac{100m^2}{[(0.5m + 0.001m)(0.5m + 0.001m)]/块} = 399 \text{ 块}$$

$$地砖消耗量 = 399 \text{ 块} \times (1 + 2\%) = 407 \text{ 块}$$

$$结合层砂浆净用量 = 100m^2 \times 0.02m = 2m^3$$

$$灰缝砂浆净用量 = [100m^2 - (0.5m \times 0.5m)/块 \times 399 \text{ 块}] \times 0.02m = 0.005m^3$$

$$砂浆总消耗量 = (2m^3 + 0.005\ m^3)(1 + 1.5\%) = 2.04m^3$$

【例 2.5】 规格为 3000mm×1200mm 的纸面石膏板，拼缝为 2mm，损耗率为 1%，计算 100m² 纸面石膏板饰面的消耗量。

【解】

$$石膏板消耗量 = \frac{100m^2}{[(3m + 0.002m)(1.2m + 0.002m)]/块} \times (1 + 1\%) = 28 \text{ 块}$$

【例 2.6】 铝合金装饰压型条板的规格为 800mm×600mm，损耗率为 1%，求 100m² 铝合金装饰板消耗量。

【解】

$$\text{铝合金装饰板消耗量(块)}=\frac{100\text{m}^2}{[\text{块长(m)}\times\text{块宽(m)}]/\text{块}}\times(1+\text{损耗率})\tag{2-19}$$

$$\text{铝合金装饰板消耗量}=\frac{100\text{m}^2}{(0.8\text{m}+0.6\text{m})/\text{块}}\times(1+1\%)=210\text{ 块}$$

3）油漆涂料用量计算。

$$\text{涂料用量 kg}=\frac{\text{涂刷面积(m}^2)\times\text{遮盖力(g/m}^2)}{1000}\tag{2-20}$$

【例 2.7】 某练歌城涂刷黄色厚漆 200m^2，遮盖力为 150g/m^2，试计算涂刷一遍黄色厚漆的用量。

【解】

$$\text{涂料用量}=\frac{200\text{m}^2\times150\text{g/m}^2}{1000}=30\text{kg}$$

4）铝合金门窗主材用量计算。

$$\begin{aligned}&100\text{m}^2\text{ 铝合金门窗铝合金消耗量(kg/100m}^2)=\text{门窗框长度(m/樘)}\times\text{含樘量(樘/100m}^2)\times\\&\text{型材线密度(kg/m)}\times(1+\text{损耗率})\end{aligned}\tag{2-21}$$

$$\begin{aligned}&100\text{m}^2\text{ 铝合金门窗玻璃消耗量(m}^2/100\text{m}^2)=\text{门窗扇(亮子)面积(m}^2/\text{樘)}\times\\&\text{含樘量(樘/100m}^2)\times(1+\text{损耗率})\end{aligned}\tag{2-22}$$

【例 2.8】 计算图 2-7 所示铝合金门的主材消耗量。已知该铝合金型材线密度为 1.4877kg/m，铝合金型材的损耗率为 7%，玻璃损耗率为 3%。

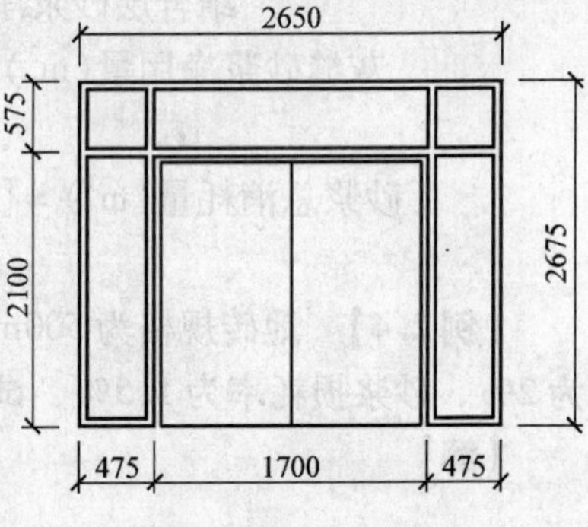

图 2-7 例 2.8 图

【解】

图 2-7 的门洞面积为：$(2.7\text{m}\times2.7\text{m})/\text{樘}=7.29\text{m}^2/\text{樘}$

$$\text{含樘量}=\frac{100\text{m}^2}{100\text{m}^2}\div7.29\text{m}^2/\text{樘}=13.7174\text{ 樘/100m}^2$$

$$\begin{aligned}\text{框料总长}&=\text{外侧框长}+\text{里侧框长}+\text{上中框长}+\text{下框长}\\&=[2.675\text{m}+(2.675\text{m}-0.089\text{m})+2.65\text{m}+0.475\text{m}]\times2/\text{樘}\\&=16.772\text{m}/\text{樘}\end{aligned}$$

$$\begin{aligned}\text{铝合金型材消耗量}&=16.772\text{m}/\text{樘}\times13.7174(\text{樘/100m}^2)\times1.4877\text{ kg/m}\times(1+7\%)\\&=366.23\text{kg/100m}^2\end{aligned}$$

$$\text{玻璃消耗量}=\frac{100\text{m}^2}{100\text{m}^2}\times(1+\text{损耗率})=103\text{m}^2/100\text{m}^2$$

其中

$$\begin{aligned}\text{门扇玻璃消耗量}&=\text{门窗扇面积}\times\text{含樘量}\times(1+\text{损耗率})\\&=(2.1\text{m}\times1.7\text{m})/\text{樘}\times13.7174(\text{樘/100m}^2)\times(1+3\%)=50.44\text{m}^2/100\text{m}^2\end{aligned}$$

$$\begin{aligned}\text{亮子玻璃消耗量}&=\text{亮子面积}\times\text{含樘量}\times(1+\text{损耗率})\\&=[(2.7\text{m}-1.7\text{m})\times2.1\text{m}+(2.7\text{m}-2.1\text{m})\times2.7\text{m}]/\text{樘}\times\\&\quad13.7174(\text{樘/100m}^2)\times(1+3\%)\\&=52.56\text{m}^2/100\text{m}^2\end{aligned}$$

5）隔墙木龙骨定额用量

隔墙木龙骨由上槛、下槛、纵横木筋构成，木截面视房间高度而定，一般为 40mm × 50mm、50mm × 70mm 和 50mm × 100mm，间距一般为 300 ~ 600mm。

$$木龙骨材积含量(m^3/100m^2) = \frac{(竖龙骨长 \times 根数 + 横龙骨长 \times 根数) \times 截面积}{100} \times (1 + 损耗率) \tag{2-23}$$

2.2.2.3 机械台班消耗量指标的确定

施工机械台班定额是施工机械生产率的反映。编制高质量的机械台班定额是合理组织机械施工，有效利用施工机械，进一步提高机械生产率的必备条件。

机械台班消耗量指标是指完成一定计量单位分项工程或结构构件所必需的各种机械用量，是以台班为单位计算的，每台班为 8h。

定额的机械化水平是以多数施工企业采用和已推广的先进方法为标准。

确定机械台班消耗量是以统一劳动定额中机械施工项目的台班产量为基础进行计算，考虑在合理施工组织条件下机械的停歇时间、机械幅度差等因素。

2.3 基础单价

建筑装饰工程造价的高低，不仅取决于建筑装饰工程预算定额中人工、材料和机械台班消耗量的大小，同时还取决于各地区建筑装饰行业人工单价、材料单价和机械台班单价的高低。因此，正确确定人工单价、材料单价和机械台班单价，是计算建筑装饰工程造价的重要依据。预算的定额基价由人工费、材料费、机械费构成。

$$定额基价 = 人工费 + 材料费 + 机械费 \tag{2-24}$$

其中

$$人工费 = 定额工日数 \times 人工单价 \tag{2-25}$$

$$材料费 = \sum_{i=1}^{n}(定额材料用量 \times 材料单价)_i \tag{2-26}$$

$$机械费 = \sum_{i=1}^{n}(定额机械台班用量 \times 机械台班单价)_i \tag{2-27}$$

2.3.1 人工单价

2.3.1.1 人工单价的概念

人工单价亦称人工工日单价。它是指一个建筑工人一个工作日在预算中应计入的全部人工费用，基本上反映了建筑安装工人的工资水平和一个建筑安装工人在一个工作日中可以得到的报酬。

2.3.1.2 人工单价的构成及组成内容

人工单价的构成在各地区、各部门不完全相同，其基本构成为：

1. 基本工资 指发放给生产工人的基本工资，包括岗位工资、技能工资和年终工资。它与工人的技术等级有关，一般来说，技术等级越高，工资就越高。

2. 工资性补贴 指为了补偿工人额外或特殊的劳动消耗及为了保证工人的工资水平不受特殊条件影响，而以补贴形式发放给工人的劳动报酬。它包括按规定标准发放的物价补贴、煤、燃气补贴、交通费补贴、住房补贴、工资附加、流动施工津贴及地区津贴等。

3. 生产工人辅助工资 指生产工人年有效施工天数以外、非作业天数的工资，包括职工学习、培训期间的工资，调动工作、探亲、休假期间的工资，因气候影响的停工工资，女工哺乳的工资，病假在6个月以内的工资及产、婚、丧假期的工资。

4. 职工福利费 指按规定标准从工资中计提的职工福利费。

5. 生产工人劳动保护费 指按规定标准发放的劳动保护用品的购置费及修理费、徒工服装补贴、防暑降温费、在有碍身体健康的环境中施工的保健费用等。

现阶段企业的人工单价大多由企业自己制定，但其中每一项内容都是根据有关法规、政策文件的精神，结合本部门、本地区和本企业的特点，通过反复测算最终确定的。

2.3.1.3 人工单价的确定方法

人工单价即日工资单价，其计算公式为

$$\text{日工资单价}(G) = \sum_{i=1}^{5} G_i \tag{2-28}$$

1. 基本工资(G_1)计算

$$G_1 = \frac{\text{生产工人平均月工资}}{\text{年平均每月法定工作日}} \tag{2-29}$$

式中

(1) 年平均每月法定工作日

$$= \frac{\text{全年日历日} - \text{法定假日}}{12\text{ 个月}}$$

$$= \frac{365\text{ 日} - 52\text{ 日} \times 2 - 11\text{ 日}}{12\text{ 个月}} = 20.83\text{ 日/月} \tag{2-30}$$

(2) 生产工人平均月工资。生产工人平均月工资水平按市场需求确定。

2. 工资性补贴(G_2)计算

$$G_2 = \frac{\Sigma\text{ 年发放标准}}{\text{全年日历日} - \text{法定假日}} + \frac{\Sigma\text{ 月发放标准}}{\text{年平均每月法定工作日}} + \text{每工作日发放标准} \tag{2-31}$$

3. 生产工人辅助工资(G_3)计算

$$G_3 = \frac{\text{全年无效工作日} \times (G_1 + G_2)}{\text{全年日历日} - \text{法定假日}} \tag{2-32}$$

4. 职工福利费(G_4)计算

$$G_4 = (G_1 + G_2 + G_3) \times \text{福利费计提比例}(\%) \tag{2-33}$$

5. 生产工人劳动保护费(G_5)计算

$$G_5 = \frac{\text{生产工人年平均支出劳动保护费}}{\text{全年日历日} - \text{法定假日}} \tag{2-34}$$

【例2.9】 已知某油漆小组的平均月基本工资标准为310.00元/月，平均月工资性补贴为260元/月，平均月保险费（医疗保险、失业保险）为62元/月。问油漆小组平均日工资单价为多少？

【解】

$$\text{油漆小组平均日工资单价} = \frac{310\text{ 元/月} + 260\text{ 元/月} + 62\text{ 元/月}}{20.83\text{ 日/月}} = \frac{632\text{ 元/月}}{20.83\text{ 日/月}} = 30\text{ 元/日}$$

2.3.1.4 影响人工单价的因素

影响建筑安装工人人工单价的因素很多，归纳起来有以下几方面：

1. 社会平均工资水平的变化 建筑安装工人人工单价必然和社会平均工资水平相适应。社会平均工资水平取决于社会经济发展水平。由于我国改革开放以来经济迅速增长，社会平均工资水平也有大幅度增长，从而影响到人工单价的大幅提高。

2. 生活消费指数的变化 生活消费指数的提高会带动人工单价的提高以减少生活水平的下降，或维持原来的生活水平。生活消费指数的变动决定于物价的变动，尤其决定于生活消费品物价的变动。

3. 人工单价的组成内容的变化 例如住房消费、养老保险、医疗保险、失业保险费等列入人工单价，会使人工单价提高。

4. 劳动力市场供需变化 劳动力市场如果需求大于供给，人工单价就会提高；如果供给大于需求，市场竞争激烈，人工单价就会下降。

5. 国家政策的变化 例如政府推行的社会保障和福利政策，会影响人工单价的变动。

2.3.2 材料单价

2.3.2.1 材料单价的概念

材料单价是指建筑装饰材料由其来源地（或交货地点）运至工地仓库（或施工现场材料存放点）后的出库价格。材料从采购、运输到保管全过程所发生的费用，构成了材料单价。

2.3.2.2 材料单价的构成及组成内容

一般地，材料单价由以下费用所构成：

（1）材料原价（或供应价格）。即材料的进价，指材料的出厂价、交货地价格、市场批发价以及进口材料货价。一般包括供销部门手续费和包装费在内。

（2）材料运杂费。指材料自来源地（或交货地）运至工地仓库（或存放地点）所发生的全部费用。

（3）运输损耗费。指材料在装卸、运输过程中发生的不可避免的合理损耗。

（4）采购保管费。指材料部门在组织采购、供应和保管材料过程中所发生的各种费用。它包括采购费、仓储费、工地保管费和仓储损耗。

（5）检验试验费。指对建筑材料、构件和建筑安装物进行一般鉴定、检查所发生的费用，包括自设试验室进行试验所耗用的材料和化学药品等的费用；不包括新结构、新材料的试验费和建设单位对具有出厂合格证明的材料进行检验、对构件做破坏性试验及其他特殊要求检验试验的费用。

2.3.2.3 材料单价的确定方法

1. 材料原价（或供应价格）的确定 在确定材料原价时，同一种材料因产地或供应单位的不同而有几种原价时，应根据不同来源地的供应数量及不同的单价计算出加权平均原价。

2. 材料运杂费的确定 材料运杂费主要包括：车（船）运输费、调车（驳船）费、装卸费、附加工作费等。车（船）运输费指车（船）到专用线（专用装货码头）或非公用地点装货时发生的往返运费，装卸费是给火车、轮船、汽车上下货物时发生的费用，附加工作费是指货物从货源地运至工地仓库期间所发生的材料搬运、分类堆放及整理的费用。

材料运杂费应按照国家有关部门及地方政府交通运输部门的规定计算，同一品种的材料如有若干个来源地时，可根据材料来源地、运输方式、运输里程以及国家或地方规定的运价标准按加权平均的方法计算。

建筑材料的运输流程参见图2-8。

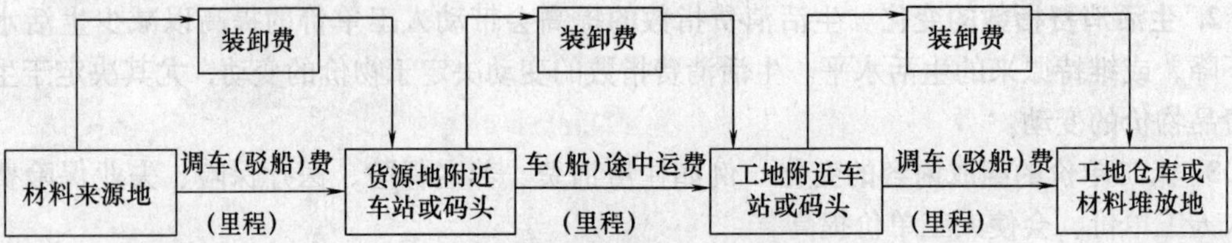

图2-8 建筑材料运输流程图

3. 运输损耗费的确定 材料运输损耗费可计入材料运输费，也可以单独计算。

$$材料运输损耗费=(加权平均原价+加权平均运杂费)\times材料运输损耗率 \tag{2-35}$$

材料运输损耗率按照国家有关部门和地方政府交通运输部门的规定计算，若无规定可参照表2-6计取。

表2-6 各类建筑材料运输损耗率

材料类别	损耗率(%)
机砖、空心砖、砂、水泥、陶粒、水泥地面砖、白瓷砖、卫生洁具、玻璃灯罩	1
机制瓦、脊瓦、水泥瓦	3
石棉瓦、石子、黄土、耐火砖、玻璃、大理石板、水磨石板、混凝土管、缸瓦管	0.5
砌块	1.5

4. 采购保管费的确定 由于建筑材料的种类、规格繁多，采购保管费不可能按每种材料在采购保管过程中所发生的实际费用计算，只能规定几种费率。目前由国家发改委规定的综合采购保管费率为2.5%（其中采购费率为1%，保管费率为1.5%）。由建设单位供应材料到现场仓库的，施工企业只收保管费。

$$采购保管费=(供应价格+运杂费+运输损耗费)\times采购保管费率 \tag{2-36}$$

5. 材料单价 综合以上四项费用即为材料单价，计算公式为

$$材料单价=[(供应价格+运杂费)\times(1+材料运输损耗率)]\times(1+采购保管费率) \tag{2-37}$$

上述是主要建筑材料的材料单价的计算方法。次要材料的材料单价，可以采用简化计算的方法来确定，一般在材料原价确定之后，其他费用可按各地区规定的综合费率计算。

【例2.10】 根据以下资料，计算白石子的材料单价。

白石子系地方材料，经货源调查后确定甲厂可供货30%，原价为82.50元/t，乙厂可供货25%，原价为81.60元/t，丙厂可供货20%，原价为83.20元/t，其余由丁厂供应，原价为80.80元/t。甲、丙两地为水路运输，运费为0.35元/(t·km)，装卸费为2.8元/t，驳船费为1.3元/(t·km)，途中损耗为2.5%，甲厂运距为60km，丙厂运距为67km。乙、丁两地为汽车运输，运距分别为50km和58km，运费为0.4元/(t·km)，调车费为1.35元/t，装卸费为2.30元/t，途中损耗为3%，采购保管费率为2.5%（注：原价中已包含包装费。地方

材料直接从厂家采购，不计供销部门手续费）。

【解】

（1）加权平均原价计算：

原价 =82.5 元/t×30% +81.6 元/t×25% +83.2 元/t×20% +80.80 元/t×25%
=81.99 元/t

（2）加权平均运杂费计算：

1）加权平均运距：

60km×30% +50km×25% +67km×20% +58km×25% =58.4km

2）加权平均调车（驳船）费：

1.30 元/t×(30% +20%) +1.35 元/t×(25% +25%) =1.33 元/t

3）加权平均装卸费：

2.80 元/t×(30% +20%) +2.30 元/t×(25% +25%) =2.55 元/t

4）加权平均运输费：

[0.35 元/(t·km)×(30% +20%) +0.40 元/(t·km)×(25% +25%)]×58.4km
=0.375 元/(t·km)×58.4km =21.90 元/t

综合以上费用，加权平均运杂费 =1.33 元/t +2.55 元/t +21.90 元/t =25.78 元/t

（3）加权平均运输损耗费率计算：

2.5%×(30% +20%) +3.0%×(25% +25%) =2.75%

（4）白石子平均单价计算：

白石子平均单价 =(81.99 元/t +25.78 元/t)×(1 +2.75%)×(1 +2.5%)
=113.50 元/t

2.3.3 机械台班单价的确定

2.3.3.1 机械台班单价的概念

机械台班单价是指对于一台施工机械，在一个台班内为使机械正常运转所支出和分摊的各项费用之和。

施工机械台班费的比重将随着建筑施工机械化水平的提高而增加，所以正确确定机械台班单价具有重要的意义。

2.3.3.2 机械台班单价的构成

施工机械台班单价由以下七项费用构成，这些费用按其性质分类，划分为第一类费用和第二类费用。

第一类费用也称为不变费用，属于分摊费用性质，它包括折旧费、大修理费、经常维修费、安拆费及场外运输费。

第二类费用也称为可变费用，属于支出费用性质，它包括人工费、燃料动力费、养路费及车船使用税。

1. 折旧费 指施工机械在规定使用期（即耐用总台班）内，每台班应分的机械原值及支付贷款利息的费用。

2. 大修理费 指施工机械按规定达到大修理间隔台班时，必须进行大修理以恢复其正常运转而发生的各项费用。

3. 经常维修费 指施工机械在寿命期内除大修理以外的各级保养（包括一、二、三级保养），以及机械临时故障排除和机械停置期间的维护保养等所需的各项费用，还有为保障机械正常运转所需的替换设备及工具、附具摊销费，以及机械日常保养所需的润滑及擦拭材料费等。

机械临时故障排除费和机械停置期间维护保养费，指机械除规定的大修理及各级保养以外的临时故障排除所需费用，以及机械在工作日以外的保养维护所需的润滑及擦拭材料费。

替换设备及工具、附具费，指为保证机械正常运转所需的消耗性设备及随机使用的工具和器具消耗的费用，如蓄电池、变压器、车轮胎、传动带、钢丝绳等。

机械日常保养所需的润滑及擦拭材料费，指为保证机械正常运转及日常保养所需的材料费用，如润滑油脂、擦拭用布、棉纱等。

4. 安拆费及场外运输费

（1）安拆费。指施工机械在施工现场进行安装、拆卸所需的人工、材料、机械和试运转费用，以及安装所需的机械辅助设施（如安装机械的基础、底座、固定锚桩、行走轨道、枕木等）的折旧、搭设、拆除等费用。

（2）场外运输费。指机械整体或分件从放置场地运至施工现场或由一个工地运至另一个工地的机械进出场运输及转移费用，包括机械的装卸、运输、辅助材料及架线等费用。

应当注意：大型机械的安拆费和场外运输费不包括在机械台班单价内，发生时另行计算。

5. 人工费 指机上司机或副司机、司炉及其他操作人员的基本工资、工资性补贴等费用，其中包括施工机械规定的年工作台班以外的上述人员的基本工资、工资性补贴等费用。

6. 燃料动力费 指机械在运转作业中所消耗的固体燃料（煤、木炭）、液体燃料（汽油、柴油）及水、电等资源费用。

7. 养路费及车船使用税 指施工机械按照国家规定和有关部门规定应缴纳的养路费、车船使用税、保险费及年检费等。

2.3.3.3 机械台班单价的确定方法

1. 折旧费的确定 折旧费的计算依据：

（1）机械预算价格。即机械设备购置费，它由机械设备原价和机械设备运杂费等构成。

（2）机械残值率。指机械报废时回收的残余价值占机械预算价格的百分率。各种机械的机械残值率一般如下：运输机械为2%，特大型机械为3%，中小型机械为4%，掘机机械为5%。

（3）时间价值系数。企业贷款购置机械设备所发生的利息应分摊计入机械台班折旧费中，其分摊计算的方法是通过计算时间价值系数来计取。

时间价值系数的计算公式为

$$\text{时间价值系数} = 1 + \frac{n+1}{2} \times i \tag{2-38}$$

式中 n——国家有关文件规定的此类机械设备的折旧年限；

i——当年银行的贷款利息。

（4）耐用总台班。指施工机械在正常施工作业条件下，从投入使用到报废为止，按规定应该达到的使用总台班数。

$$耐用总台班 = 折旧年限 \times 年工作台班 \tag{2-39}$$

$$= 大修理间隔台班 \times 大修理周期数 \tag{2-40}$$

折旧年限主要依据国家有关固定资产折旧年限的规定来确定。

年工作台班是根据有关部门对各类主要施工机械近三年的统计资料分析来确定。

大修理间隔台班指机械自投入使用起至第一次大修理为止（或自一次大修理后投入使用起至下一次大修理为止），机械应达到的使用台班数。

大修理周期数，指施工机械在正常施工作业条件下，将其寿命期（即耐用总台班）按规定的大修理次数划分为若干个周期。其计算公式为

$$大修理周期数 = 寿命期大修理次数 + 1 \tag{2-41}$$

寿命期大修理次数指为恢复原机械功能，按规定的全寿命周期内需要进行的大修理次数。

（5）折旧费的计算公式。

$$机械台班折旧费 = \frac{机械预算价格 \times (1 - 机械残值率) \times 时间价值系数}{耐用总台班} \tag{2-42}$$

$$机械预算价格 = 原价 \times (1 + 购置附加费率) + 手续费 + 运杂费 \tag{2-43}$$

2. 大修理费的确定 大修理费的计算公式为

$$机械台班大修理费 = \frac{一次大修理费 \times 寿命期大修理次数}{耐用总台班} \tag{2-44}$$

一次大修理费指按机械设备规定的大修理范围和工作内容，对机械设备进行一次全面修理所支出的全部费用（如工时费、配件、辅助材料、油燃料及送修运输费等）。

3. 经常修理费的确定

经常修理费的计算公式为

$$机械台班经常修理费 = \Sigma[(各级保养一次费用) \times 寿命期内各级保养总次数] + \frac{临时故障排除费和机械停置期间维护保养费}{耐用总台班} + 替换设备台班摊销费 + 工具、附具台班摊销费 + 例保辅料费 \tag{2-45}$$

式中 各级保养一次费用——机械在各个使用周期内为保证机械处于完好状态，必须按规定进行的间隔周期各级保养、定期保养所发生的全部费用（如工时费，配件、辅助材料、油燃料费等）。

寿命期内各级保养总次数——机械一、二、三级保养或定期保养在寿命期内的各个使用周期中的保养次数之和。

临时故障排除费和机械停置期间维护保养费可按各级保养（不包括例保辅料等）费用之和的3%计算，即

$$机械临时故障排除费和机械停置期间维护保养费 = \Sigma(各级保养一次费用 \times 寿命期内各级保养总次数) \times 3\% \tag{2-46}$$

替换设备、工具、附具台班摊销费

$$= \Sigma \frac{替换设备及工具、附具使用数量 \times 相应单价}{耐用总台班} \tag{2-47}$$

例保辅料费，即机械日常保养所需的润滑、擦拭材料费。

为了简化计算，机械台班经常修理费可按以下方法确定：

$$机械台班经常修理费=机械台班大修正费\times k \tag{2-48}$$

即 $k=\dfrac{机械台班经常修理费}{机械台班大修理费}$

如载重汽车 k 值为 1.46、自卸汽车 k 值为 1.52、塔式起重机 k 值为 1.69 等。

4. 安拆费及场外运输费的确定

（1）计算依据。分别按不同机械型号、质量、外形体积以及不同的安拆和运输方式测算机械一次安拆费和一次场外运输费以及机械年平均安拆次数和年平均运输次数。

（2）计算公式如下

机械台班安拆费

$$=\frac{机械一次安拆费\times 机械年平均安拆次数}{年工作台班}+机械台班辅助设施摊销费 \tag{2-49}$$

机械台班辅助设施摊销费

$$=\frac{(机械一次运输及装卸费+辅助材料一次摊销费+一次架线费)\times 年运输次数}{年工作台班} \tag{2-50}$$

5. 人工费的确定 其计算公式为

$$机械台班人工费=定额机上人工工日\times 日工资单价 \tag{2-51}$$

$$定额机上人工工日=机上定员工日\times(1+增加工日系数) \tag{2-52}$$

$$增加工日系数=\frac{年日历天数-规定节假公休日-辅助工资中年非工作日-机械年工作台班}{机械年工作台班} \tag{2-53}$$

增加工日系数取定为 25%。

6. 燃料动力费的确定 其计算公式为

$$机械台班燃料动力费=台班燃料动力消耗量\times 相应单价 \tag{2-54}$$

台班燃料动力消耗量应以实测消耗量（仪表测量加合理消耗）为主，以现行定额消耗量和调查消耗量为辅的方法综合确定。

$$台班燃料动力消耗量=(实测数\times 4+定额平均值+调查平均值)\div 6 \tag{2-55}$$

7. 养路费及车船使用税的确定 其计算公式为

$$养路费及车船使用税=\frac{载重量\times(养路费标准\times 12+车船使用税标准)}{年工作台班} \tag{2-56}$$

养路费的单位为元/(t·月)，车船使用税的单位为元/(t·年)。

综合以上七项费用即为机械台班单价，其计算公式为

$$\begin{aligned}机械台班单价=&机械台班折旧费+机械台班大修理费+机械台班经常修理费+\\&机械台班安拆费及场外运输费+机械台班人工费+机械台班燃料动力费+\\&机械台班养路费及车船使用税\end{aligned} \tag{2-57}$$

【例 2.11】 某 10t 载重汽车有关资料如下：购买价格 1250000 元/辆；残值率为 6%；耐用总台班为 960 台班；一次性修理费用为 8600 元；修理周期为 4 次；经常维修系数为 3.93；机上操作人员的工日数为 2.5 工日，每个工日单价为 30.00 元；年工作台班为 240 台班；每月每吨养路费为 60 元；每年应交纳车船使用税为 36 元/t；每台班柴油消耗量为

40.03kg，柴油每千克单价为3.25元。试确定台班单价。

【解】

（1）折旧费 = 1250000元×（1－6%）÷960台班 = 122.40元/台班

（2）大修理费 = 8600元×（4－1）÷960台班 = 26.88元/台班

（3）经常修理费 = 26.88元/台班×3.93 = 105.62元/台班

（4）机上人员工资 = 2.5工日×30.00元/工日 = 75元/工日

（5）燃料及动力费 = 40.03 kg/台班×3.25元/kg = 130.10元/台班

（6）$\begin{matrix}\text{台班养路费}\\\text{及车船使用税}\end{matrix} = \dfrac{10\text{t}\times[60\text{元}/(\text{t}\cdot\text{月})\times 12\text{月}+36\text{元}/(\text{t}\cdot\text{年})]}{240\text{台班}/\text{年}} = 45\text{元}/\text{台班}$

（7）保险费设定为3.67元/台班

故该10t载重汽车台班单价 = 122.40元/台班 + 26.88元/台班 + 105.62元/台班 + 75元/台班 + 130.10元/台班 + 45元/台班 + 3.67元/台班 = 508.67元/台班

2.3.3.4 影响机械台班单价的因素

（1）施工机械的价格。它直接影响施工机械台班折旧费，从而也直接影响施工机械台班单价。

（2）施工机械使用年限。它不仅影响施工机械台班折旧费，也影响施工机械的大修理费和经常修理费。

（3）施工机械的使用效率、管理水平和维护水平。

（4）国家及地方政府征收税费的规定等。

2.4 地区建筑装饰装修预算定额

2.4.1 地区建筑装饰装修预算定额组成及其内容

建筑装饰装修工程预算定额手册由文字说明、定额项目表和附录所组成。

1. 文字说明 文字说明由目录、总说明、分部说明以及工程量计算规则所组成。

总说明主要阐述了建筑装饰工程预算定额的编制原则、适用范围、用途、定额中已考虑的因素和未考虑的因素、使用中应注意的事项和有关问题的规定及说明。

分部说明和工程量计算规则是建筑装饰工程预算定额手册的重要组成部分。它主要阐述了本分部工程所包括的主要项目、定额换算的有关规定、定额应用时的具体规定和处理方法，以及分部工程工程量计算规则等。

2. 定额项目表 它是建筑装饰工程预算定额的核心内容，由表头（分节定额名称）、工程内容（定额项目所包含各主要工作过程的说明）、定额计量单位、定额编号、定额项目名称以及人工、材料、施工机械代码所组成。

3. 附录 附录中规定了定额项目表中材料、半成品以及成品的损耗率，是定额应用的补充资料。

2.4.2 地区建筑装饰装修预算定额的应用

地区建筑装饰装修预算定额的应用有定额的直接套用、定额的换算和定额的补充。地区建筑装饰装修预算定额的应用应该从以下方面着手：

1. 准确查找定额编号 在编制施工图预算时，对工程项目均须填写定额编号，其目的是便于检查使用定额时，项目套用是否正确合理，以起到减少差错、提高管理水平的作用。

为了查阅方便，建筑工程预算定额手册目录的项目编制排序为：

分部工程号，用阿拉伯数字 1，2，3，4……

分项工程号，用阿拉伯数字 1，2，3，4……

目录中都注明各分项工程的所在页数。项目表中的项目号按分部工程各自独立顺序编排，用阿拉伯字码书写。在编制工程预算书套用定额时，应注明所属分部工程的编号和项目编号。

2. 预算定额的查阅方法 定额表的查阅目的是在定额表中找出所需的项目名称、人工、材料、机械名称及它们所对应的数值，一般查阅分三步进行：

第一步：按分部→定额节→定额表→项目的顺序找至所需项目名称，并从上向下目视。

第二步：在定额表中找出所需的人工、材料、机械名称，并从左向右目视。

第三步：两视线交点的数值，就是所找数值。

3. 预算定额的表 定额表是定额最基本的表现形式。看懂定额表，是学习预算的重要一步，一张完整的定额表必须列有工作内容、计量单位、项目名称、定额编号和定额基价等。

2.4.2.1 定额的直接套用

1. 消耗量定额的直接套用 当设计要求与消耗量定额项目的内容相一致时，可直接套用定额的工料机消耗量，并可以根据消耗量定额及参考价目表或当时当地人材机的市场价格，计算该分项工程的直接工程费以及工料机所需量。在套用时应注意以下几点：

（1）根据施工图样，对分项工程施工方法、设计要求等了解清楚后进行消耗量定额项目的选择，分项工程的实施做法和工作内容必须与定额项目规定的完全相符时才能直接套用，否则必须根据有关规定进行换算或补充。

（2）分项工程名称和计量单位要与消耗量定额相一致。

【例 2.12】 某工程水泥砂浆楼地面厚 20mm，工程量为 $1200m^2$。试求该分项工程人工、材料、机械台班消耗量。

分析：以查浙江省 2003 版定额为例，从定额目录中，查得水泥砂浆楼地面厚 20mm 为定额编号 10-3。

【解】

$100m^2$ 水泥砂浆楼地面厚 20mm，分项定额工、料、机消耗量：

综合人工：8.6 工日；

塑料薄膜：$105m^2$；

水：$4m^3$；

灰浆搅拌机 200L：0.3 台班；

1∶2 水泥砂浆：$2.2m^3$；

纯水泥浆：$0.101m^3$。

则 $1200m^2$ 水泥砂浆楼地面（厚 20mm）的工、料、机消耗量为

综合人工：8.6 工日 $\times 1200m^2 \div 100m^2 = 103.2$ 工日；

塑料薄膜：$105m^2 \times 1200m^2 \div 100m^2 = 1260m^2$；

水：$4m^3 \times 1200m^2 \div 100m^2 = 48m^3$；

灰浆搅拌机 200L：0.3 台班 $\times 1200m^2 \div 100m^2 = 3.6$ 台班；

1∶2 水泥砂浆：$2.2m^3 \times 1200m^2 \div 100m^2 = 26.4m^3$；

纯水泥浆：$0.101m^3 \times 1200m^2 \div 100m^2 = 1.212m^3$。

2.4.2.2　定额的换算

每一个消耗量定额项目，都是针对完成一定的工作内容、使用某种建筑材料及某种建筑机械的情况下，所确定的完成一定计量单位的分项工程或结构构件所需消耗的人工、材料和机械的数量。

当施工图设计要求与消耗量定额中的工程内容、材料规格、施工方法等条件不完全相符时，则不可以直接套用，应按照消耗量定额规定的换算方法对项目进行调整换算。

换算种类有：

（1）混凝土换算。当设计要求构件采用的混凝土强度等级，在预算定额中没有相符合的项目时，就产生了混凝土强度等级或石子粒径的换算。

换算后定额基价 = 原定额基价 + 定额混凝土用量 ×（换入混凝土基价 − 换出混凝土基价）　(2-58)

（2）砂浆换算。当设计图样要求的抹灰砂浆配合比与预算定额的抹灰砂浆配合比不同时，就要进行抹灰砂交换算。

换算后定额基价 = 原定额基价 + 定额砂浆用量 ×（换入砂浆基价 − 换出砂浆基价）　(2-59)

【例 2.13】 1∶1.5 水泥白石子浆本色水磨石楼地面（带嵌条），求基价。

【解】

查定额 10-7，基价为 25.61 元/m^2，

换算后基价 = 25.61 元/m^2 +（305.19 元/m^3 − 287.09 元/m^3）× 0.043m^3/m^2 = 26.39 元/m^2。

（3）定额增减及说明系数换算。定额增减换算是指砂浆及混凝土设计厚度或宽度与定额不同时，则按一定步距调整。常见定额增减换算在整体面层砂浆设计厚度与定额不同时，按每增减 5mm 厚度来调整。砂浆、混凝土等的配合比，设计与定额不同时可以按设计调整。块料面层的粘结砂浆厚度及配合比，设计与定额不同时，允许调整。

系数换算是指在使用某些预算项目时，定额的一部分或全部乘以规定系数。

例如，某地区定额规定：

硬木长条地板采用平口地板时，套企口地板项目，其人工乘系数 0.9。

广场砖铺贴环行、菱形者，其人工乘系数 1.2；如采用干硬性水泥砂浆铺贴时，除砂浆单价换算外，人工乘系数 0.8。

【例 2.14】 干硬性水泥砂浆铺贴广场砖（不拼图案），求基价。

【解】

查定额 10-56，基价为 55.95 元/m^2，

换算后基价 = 55.95 元/m^2 +（173.53 元/m^3 − 173.92 元/m^3）× 0.0303m^3/m^2 −
0.2 × 9.735 元/m^2
= 53.99 元/m^2。

（式中，0.0303 为定额砂浆含量，9.735 为定额人工费。）

螺旋形楼梯的装饰，套用相应定额子目，其人工与机械乘系数 1.1，块料用量乘系数 1.2，栏杆、扶手等其他材料用量乘系数 1.05。

【例 2.15】 螺旋形楼梯水泥砂浆贴花岗岩面层，求基价。

【解】

查定额 10-105，基价为 248.31 元/m^2，

换算后基价 = 248.31 元/m^2 +（25.5363 元/m^2 + 0.2681 元/m^2）×0.1 + 1.5402m^2/m^2 ×0.2×136 元/m^2 +（222.5104 元/m^2 − 1.5402m^2/m^2 × 136 元/m^2）×0.05

= 293.44 元/m^2。

（式中，1.5402 为花岗岩定额用量，136 为定额花岗岩材料单价，222.5104 为定额材料费。）

（4）通用换算。定额的通用换算，也是最常用到的换算，直接在定额中调整市场价和消耗量，增加工料机、替换工料机、删除工料机以及系数调整。

2.4.2.3 定额的补充

施工图样中的某些工程项目，由于采用了新结构、新材料和新工艺等，没有类似定额项目可供套用，就必须编制补充定额项目。

编制补充工程计价定额的方法通常有两种：一种是按照本章中所述消耗量定额的编制方法，计算人工、材料、机械台班消耗数量；另一种是参照同类工序、同类型产品消耗定额来计算人工、机械台班的指标，而材料消耗量则按施工图样进行计算或实际测定。

本章小结

学习建筑装饰装修预算定额是编制装饰工程预算的重要环节。学习者应正确理解工程建设定额的分类，重点熟悉本地区建筑装饰装修预算定额，熟悉装修预算定额各分部组成及其内容，能够正确套用和换算本地区装饰工程消耗量定额；理解劳动消耗定额、材料消耗定额、机械台班消耗定额的概念及消耗指标的测定方法；掌握人工工日单价、材料预算单价、机械台班单价的确定方法。

复习思考题

1. 工程建设定额如何分类？
2. 什么是劳动消耗定额？有几种表现形式？
3. 试述编制劳动消耗定额的基本方法？
4. 什么是材料消耗定额？它有几种制定方法？
5. 什么是机械台班消耗定额？有几种表现形式？
6. 什么是人工（工日）单价？人工（工日）单价由哪些内容组成？调查本地区建筑装饰工人的人工单价。
7. 什么是材料单价？材料单价由哪些内容组成？
8. 什么是机械台班单价？机械台班单价是如何确定的？机械台班使用费由哪些费用组成？
9. 查找本地区装饰定额，完成下表。

定额编号	分项工程名称	单　位	基　价
	25mm 厚水泥砂浆找平层		
	40mm 厚细石混凝土楼面找平层		
	金属复合地板楼面		
	不锈钢钢管扶手、12mm 厚玻璃板（全玻）		
	圆柱面不锈钢板包面		
	瓷砖水泥砂浆粘贴（周长 1200mm 以内）		
	U 型轻钢龙骨上装石膏板（平面）		
	不带纱、有亮全玻门		
	抹灰面 803 涂料 3 遍		
	铝合金窗帘轨（双轨）		
	木扶手硝基清漆 5 遍		
	收银台		
	楼地面块料面层打蜡		
	水泥砂浆楼梯饰面		
	现浇本色水磨石楼梯面		
	零星水泥砂浆楼地面		
	砖墙、砌块墙面水泥砂浆抹灰		
	砖柱、混凝土柱、梁水泥砂浆一般抹灰		
	水泥砂浆湿挂大理石墙面		
	零星水泥砂浆墙柱面		
	阳台、雨篷抹水泥砂浆		
	现浇混凝土顶棚 水泥砂浆抹灰		
	单层木楞顶棚龙骨		
	有亮镶板门		
	铝合金平开门安装		
	木门 聚脂清漆 3 遍		
	木门 底油 1 遍、刮腻子、调和漆 2 遍		

第3章　建筑装饰工程工程量计算

学习目标：

1. 了解工程量的含义，掌握工程量计算的注意事项。

2. 掌握建筑面积的计算规则，能准确计算建筑面积。

3. 掌握建筑装饰工程各分部的工程量计算规则，能准确计算建筑装饰工程各分部的工程量。

学习重点：

1. 工程量计算的注意事项。

2. 建筑面积的计算规则。

3. 建筑装饰工程楼地面分部、墙柱面分部、顶棚工程分部、门窗工程分部、油漆工程分部和其他工程分部的工程量计算规则。

学习建议：

1. 学习建筑面积计算规则时，注意区别计算建筑面积的范围和不计算建筑面积的范围。

2. 学习建筑装饰工程各分部的工程量计算规则时，要注意各规则中扣减和增加部分的规则，按一定的顺序在工程量计算表中进行计算，防止错算、漏算、重算。

3.1　概述

3.1.1　工程量的含义

工程量是以物理计量单位或自然计量单位表示的各分项工程或结构构件的数量。

物理计量单位是以物体的物理属性为计量单位，一般是指以公制度量表示的长度、面积、体积、质量等的单位。如顶棚裱糊墙纸工程量以“m^2”为计量单位，装饰线和栏杆扶手则是以“m”为计量单位。

自然计量单位是以物体自身的计量单位来表示工程完成的数量。如灯具的安装以“套”为计量单位，而卫生器具的安装则以“组”为计量单位。

3.1.2　工程量计算时的注意事项

工程量计算是计算装饰工程计价的重要环节，约占全部预算工作的2/3以上，直接影响整个装饰工程预算书的编制质量和速度。准确、熟练地计算工程量是每个造价编制人员应具备的基本功。为了准确计算工程量，防止错算、漏算和重算，通常应注意以下事项：

3.1.2.1 计算口径要一致，避免重复列项

计算口径是指根据装饰工程施工图列出的分项工程所包括的工作内容和范围应与相应定额中的对应分项工程的工作内容和范围要一致。例如：块料面层饰面工程，广东省综合定额中的规定包括了扫水泥浆一道的工序，在计算时不应另列项目重复计算。

3.1.2.2 工程量计算规则要一致，避免错算

按施工图计算工程量时的计算规则，必须与本地区现行的定额计算规则相一致。如《全国统一建筑装饰装修工程消耗量定额》（GYD—901—2002）规定，楼地面装饰面积按饰面的净面积计算，不扣除0.1m^2以内的孔洞所占面积。而根据《建设工程工程量清单计价规范》（GB 50500—2003）则按设计图示尺寸以面积计算扣除凸出地面构筑物、设备基础、室内管道、地沟等所占面积，不扣除柱、垛、间壁墙、附墙烟囱及0.3m^2以内的孔洞所占面积，门洞、空圈、暖气包槽、壁龛的开口部分不增加面积计算，计算时要注意区分。

3.1.2.3 计算尺寸的取定要一致

首先，要核对施工图样尺寸的标准；其次，计算工程量时，要根据所列项目和标注的轴线编号查取尺寸，可先取横轴方向尺寸或纵轴方向尺寸，但整个计算过程中要一致。

3.1.2.4 计量单位要一致

按施工图样计算工程量时，所列出的各分项工程的计量单位必须与相应定额中对应项目的计量单位一致。如预算定额中，金属门窗工程量是以“m^2”为计量单位，《建设工程工程量清单计价规范》（GB 50500—2003）中以“樘”为计量单位，在计算时应注意分清，以免由于计量单位出错而影响工程量计算的准确性。

3.1.2.5 要遵循一定的顺序计算

计算工程量时要遵循一定的计算顺序，依次进行计算，避免漏算或重算。

（1）一般按施工顺序计算装饰工程的工程量。按图样的顺时针方向计算工程量，适用于外墙面装饰抹灰、镶贴块料面层、外墙身、楼地面、顶棚、挑檐等装饰工程量的计算。

（2）按先横后竖、先上后下、先左后右的顺序计算工程量。按先横后竖、先上后下、先左后右的顺序计算工程量，适用于内墙面、内墙裙装饰及间壁墙面层装饰等。

（3）按图样上注明的编号顺序计算工程量。按图样编号顺序计算工程量，适用于钢筋混凝土构件，如柱、板等的装饰面层和铝合金推拉窗等。

3.1.2.6 工程量计算的精确度要一致

工程量的计算结果，以“t”为单位，应保留小数点后面三位数字，第四位四舍五入；以“m^3”、“m^2”、“m”为单位，应保留小数点后面二位数字，第三位四舍五入；以“个”、“项”、“樘”为单位，应取整数。

3.2 建筑面积的计算

3.2.1 建筑面积的概念

建筑面积亦称建筑展开面积，是建筑物各层面积的总和。

建筑面积包括使用面积、辅助面积和结构面积三部分。

1. 使用面积 指建筑物各层平面中直接为生产或生活使用的净面积之和。例如住宅建

筑中的居室、客厅、书房等。

2. 辅助面积 指建筑物各层平面中为辅助生产或辅助生活所占净面积之和。例如住宅建筑中的楼梯、走道、电梯井、卫生间、厨房等。

使用面积与辅助面积之和称为有效面积。

3. 结构面积 指建筑物各层平面中的墙、柱、通风道等结构所占面积之和。

3.2.2 建筑面积的作用

1. 重要管理指标 建筑面积是建设投资、建设项目可行性研究、建设项目勘察设计、建设项目评估、建设项目招标投标、建筑工程施工和竣工验收、建筑工程造价控制等一系列工作的重要计算指标。

2. 重要技术指标 建筑面积是计算开工面积、竣工面积、优良工程率、建筑装饰规模等重要的技术指标。

3. 重要经济指标 建筑面积是计算建筑、装饰等单位工程或单项工程的单位面积工程造价、人工消耗指标、机械台班消耗指标、工程量消耗指标的重要经济指标。

各经济指标的计算公式为

$$每平方米工程造价=\frac{工程造价}{建筑面积}(元/m^2) \tag{3-1}$$

$$每平方米工人消耗=\frac{单位工程用工量}{建筑面积}(工日/m^2) \tag{3-2}$$

$$每平方米材料消耗=\frac{单位工程某材料用量}{建筑面积}(kg/m^2、m^3/m^2\ 等) \tag{3-3}$$

$$每平方米机械台班消耗=\frac{单位工程某台班用量}{建筑面积}(台班/m^2) \tag{3-4}$$

$$每平方米工程量=\frac{单位工程某工程量}{建筑面积}(m^2/m^2、m/m^2\ 等) \tag{3-5}$$

4. 重要计算依据 建筑面积是计算有关工程量的重要依据。例如，装饰用满堂脚手架工程量等。

综上所述，建筑面积是重要的技术经济指标，在控制建筑、装饰工程造价和建设过程中起着重要作用。

3.2.3 建筑面积的计算规则

由于建筑面积是计算各种技术经济指标的重要依据，这些指标又起着衡量和评价建设规模、投资效益、工程成本等方面重要尺度的作用。因此，中华人民共和国建设部颁发了《建筑工程建筑面积计算规范》（GB/T 50353—2005），规定了建筑面积的计算方法。

《建筑工程建筑面积计算规范》（GB/T 50353—2005）主要规定了三个方面的内容：①计算全部建筑面积的范围和规定；②计算部分建筑面积的范围和规定；③不计算建筑面积的范围和规定。这些规定主要基于以下几个方面的考虑：

（1）尽可能准确地反映建筑物各组成部分的价值量。例如，建筑物间有围护结构的架空走廊，应按其围护结构外围水平面积计算。层高在 2.20m 及以上者应计算全面积，层高不足 2.20m 者应计算 1/2 面积。有永久性顶盖无围护结构的应按其结构底板水平面积的 1/2

计算。又如，利用坡屋顶内空间时净高超过 2.10m 的部位应计算全面积，净高在 1.20 ~ 2.10m 的部位应计算 1/2 面积，净高不足 1.20m 的部位不应计算面积。

（2）通过建筑面积计算的规定，简化了建筑面积的计算过程。例如，勒脚、附墙柱、垛、台阶、墙面抹灰、装饰面、镶贴块料面层、装饰性幕墙等不应计算建筑面积。

3.2.3.1 计算建筑面积的范围

1. 单层建筑物

（1）计算规定：单层建筑物的建筑面积，应按其外墙勒脚以上结构外围水平面积计算，并应符合下列规定：

1）单层建筑物高度在 2.20m 及以上者应计算全面积高度，不足 2.20m 者应计算 1/2 面积。

2）利用坡屋顶内空间时净高超过 2.10m 的部位应计算全面积，净高在 1.20 ~ 2.10m 的部位应计算 1/2 面积，净高不足 1.20m 的部位不应计算面积。

（2）计算规定解读：

1）单层建筑物可以是民用建筑、公共建筑，也可以是工业厂房。

2）“应按其外墙勒脚以上结构外围水平面积计算”的规定，主要强调勒脚部分墙体有时采取加厚处理，与其上部外墙厚度不同，因此不能计算勒脚墙体加厚部分的面积，如图 3-1 所示，其建筑面积为

$$S = a \times b \text{（外墙外边尺寸，不含勒脚厚度）}$$

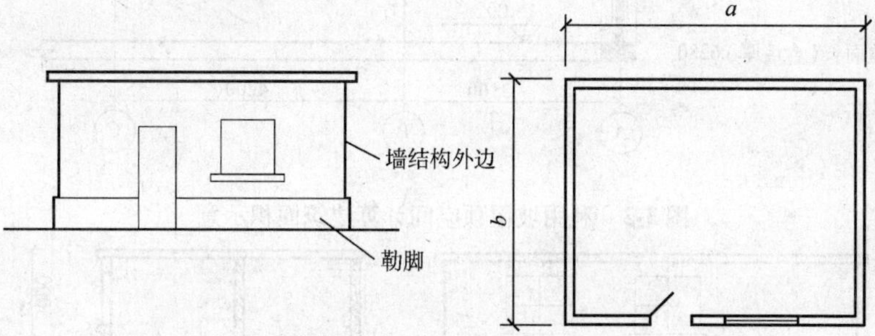

图 3-1 单层建筑物的建筑面积

3）利用坡屋顶内空间的不同净高计算建筑面积，如图 3-2 所示。

Ⓐ ~ Ⓑ轴，应计算 1/2 面积：$(3.10-0.40)\text{m}\times 6.28\text{m}\times 0.5 = 9.61\text{m}^2$

Ⓑ ~ Ⓒ轴，应计算全部面积：$4.20\text{m}\times 6.28\text{m} = 26.38\text{m}^2$

小计：$9.61\text{m}^2 + 26.38\text{m}^2 = 35.99\text{m}^2$。

4）单层建筑物应按不同的高度确定面积的计算。其高度指室内地面标高至屋面板板面结构标高之间的垂直距离。遇有以屋面板找坡的平屋顶单层建筑物，其高度指室内地面标高至屋面板最低处板面结构标高之间的垂直距离。

2. 单层建筑物内设有局部楼层

（1）计算规定：单层建筑物内设有局部楼层者，局部楼层的二层及以上楼层，有围护结构的应按其围护结构外围水平面积计算，无围护结构的应按其结构底板水平面积计算。层高在 2.20m 及以上者应计算全面积，层高不足 2.20m 者应计算 1/2 面积。

（2）计算规定解读：

1）单层建筑物内设有部分楼层的例子如图 3-3 所示。这时，局部楼层的墙厚应包括在楼层面积内。

2）本规定没有说不计算建筑面积的部位，我们可以理解为局部楼层层高一般不会低于 1.20m。

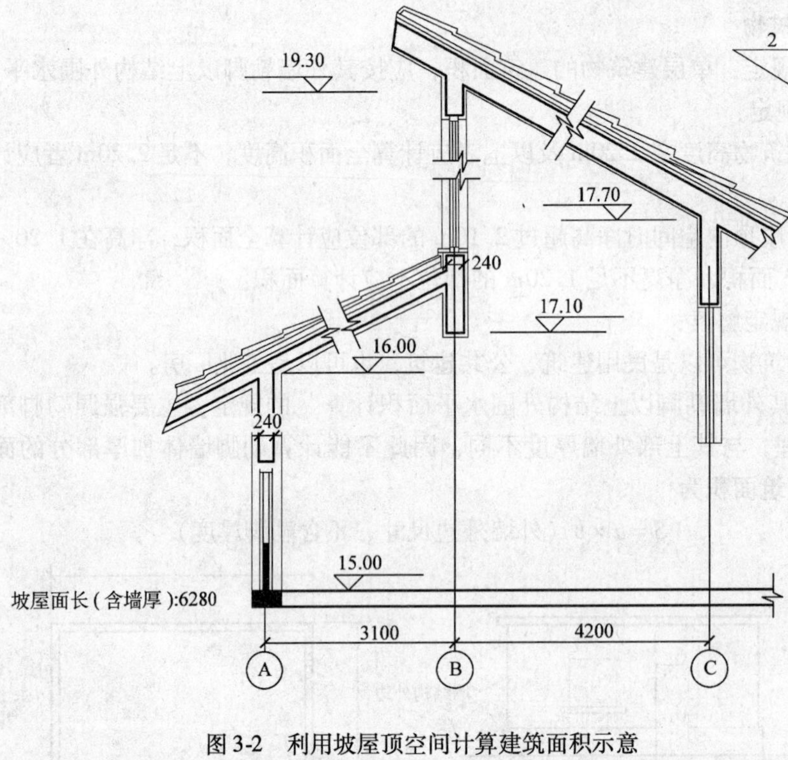

图 3-2　利用坡屋顶空间计算建筑面积示意

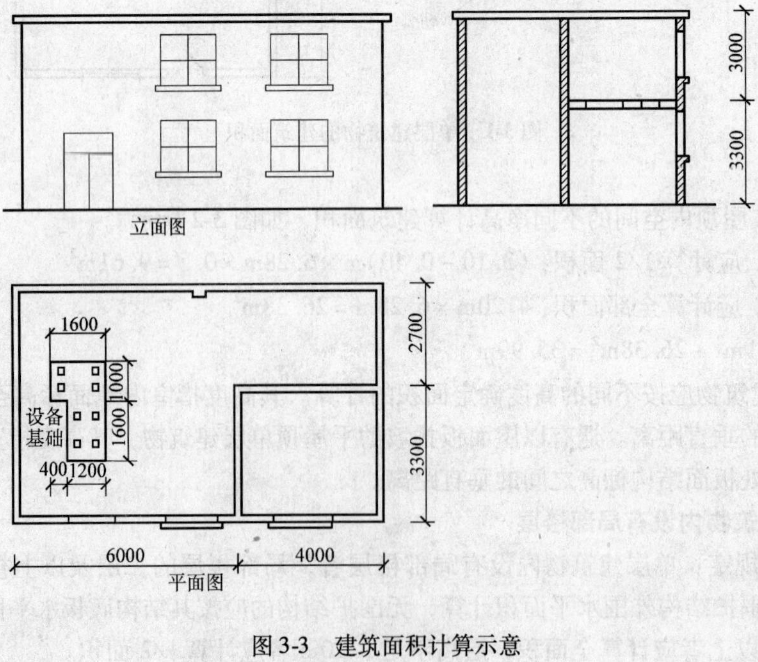

图 3-3　建筑面积计算示意

【例 3.1】 根据图 3-3 计算建筑物的建筑面积(墙厚均为 240mm)。

【解】

底层建筑面积 = (6m + 4.0m + 0.24m) × (3.30m + 2.70m + 0.24m)

= 10.24m × 6.24m

= 63.90m²

楼隔层建筑面积 = (4.0m + 0.24m) × (3.30m + 0.24m)

= 4.24m × 3.54m

= 15.01m²

全部建筑面积 = 63.90m + 15.01m

= 78.91m²

3. 多层建筑物

计算规定:

1）多层建筑物首层应按其外墙勒脚以上结构外围水平面积计算，二层及以上楼层应按其外墙结构外围水平面积计算。层高在 2.20m 及以上者应计算全面积，层高不足 2.20m 者应计算 1/2 面积。

2）多层建筑坡屋顶内和场馆看台下，当设计加以利用时净高超过 2.10m 的部位应计算全面积，净高在 1.20 ~2.10m 的部位应计算 1/2 面积，当设计不利用或室内净高不足 1.20m 时不应计算面积。

3）多层建筑物的建筑面积应按不同的层高分别计算。层高是指上下两层楼面结构标高之间的垂直距离。建筑物最底层的层高指：当有基础底板时，按基础底板上表面结构标高至上层楼面的结构标高之间的垂直距离确定；当没有基础底板时，按地面标高至上层楼面结构标高之间的垂直距离确定。最上一层的层高是指楼面结构标高至屋面板最低处板面结构标高之间的垂直距离。

4）多层建筑坡屋顶内和场馆看台下的空间应视为坡屋顶内的空间，设计加以利用时，应按其净高确定其面积来计算；设计不利用的空间，不应计算建筑面积。其示意图如图 3-4 所示。

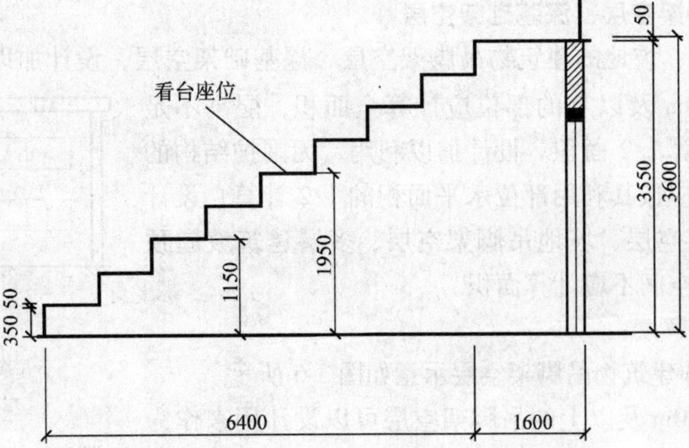

图 3-4 看台下空间（场馆看台剖面图）计算建筑面积示意

4. 地下室、半地下室

（1）计算规定：地下室、半地下室（车间、商店、车站、车库、仓库等），包括相应的有永久性顶盖的出入口，应按其外墙上口（不包括采光井、外墙防潮层及其保护墙）外边线所围水平面积计算。层高在2.20m及以上者应计算全面积，层高不足2.20m者应计算1/2面积。

（2）计算规定解读

1）地下室采光井是为了满足地下室的采光和通风要求而设置的。一般在地下室围护墙上口开设一个矩形或其他形状的竖井，井的上口一般设有铁栅，井的一个侧面安装采光和通风用的窗口，如图3-5所示。

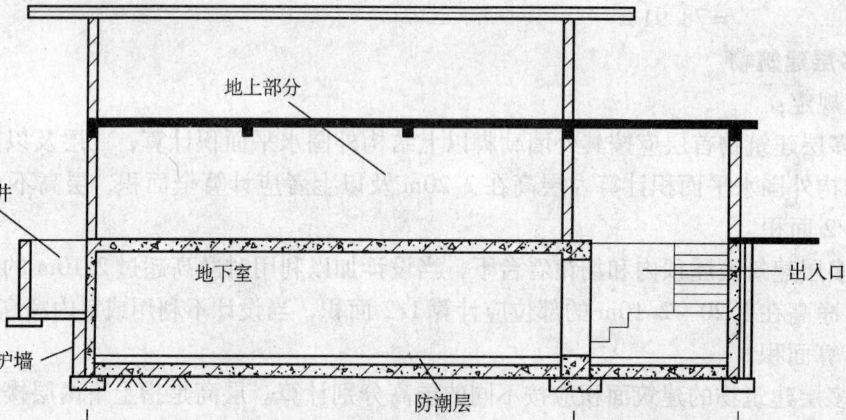

图3-5　地下室建筑面积计算示意

2）地下室、半地下室应以其外墙上口对外边线所围水平面积计算。以前的计算规则规定：按地下室、半地下室上口外墙外围水平面积计算，文字上下不甚严密，“上口外墙”容易被理解成为地下室、半地下室的上一层建筑的外墙。因为通常情况下，上一层建筑外墙与地下室的中心线不一定完全重叠，多数情况是凸出或凹进地下室外墙中心线。

5. 建筑物吊脚架空层、深基础架空层

（1）计算规定：坡地的建筑物吊脚架空层、深基础架空层，设计加以利用并有围护结构的，层高在2.20m及以上的部位应计算全面积，层高不足2.20m的部位应计算1/2面积。设计加以利用、无围护结构的建筑吊脚架空层，应按其利用部位水平面积的1/2计算；设计不利用的深基础架空层、坡地吊脚架空层、多层建筑坡屋顶内、场馆看台下的空间不应计算面积。

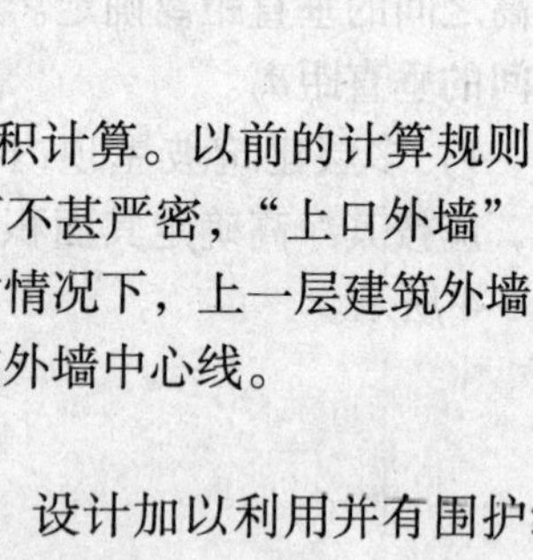

图3-6　坡地建筑物吊脚架空层示意

（2）计算规定解读：

1）建于坡地的建筑物吊脚架空层示意如图3-6所示。

2）层高在2.20m及以上的吊脚架空层可以设计用来作为一个房间使用。

3）深基础架空层2.20m及以上层高时，可以设计用来作为设备安装或作储藏间使用。

6. 建筑物内门厅、大厅

（1）计算规定：建筑物的门厅、大厅按一层计算建筑面积。门厅、大厅内设有回廊时，应按其结构底板水平面积计算。层高在 2.20m 及以上者应计算全面积，层高不足 2.20m 者应计算 1/2 面积。

（2）计算规定解读：

1）“门厅、大厅内设有回廊”是指建筑物大厅、门厅（一般该大厅、门厅占二个或二个以上建筑物层高）的上部四周向大厅、门厅中间挑出的走廊称为回廊，如图 3-7 所示。

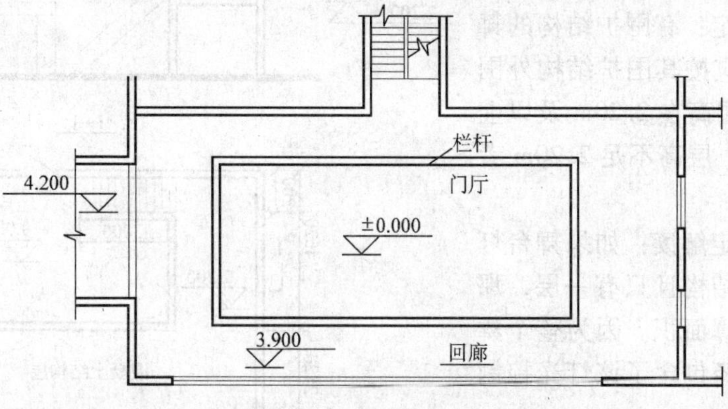

图 3-7　大厅、门厅内设有回廊示意

2）宾馆、大会堂、教学大楼等的门厅或大厅，往往要占建筑物的二层或二层以上的层高，这时也只能计算一层面积。

3）“层高不足 2.20m 者应计算 1/2 面积”中应该指回廊可能出现的情况。

7. 架空走廊

（1）计算规定：建筑物间有围护结构的架空走廊，应按其围护结构外围水平面积计算。层高在 2.20m 及以上者应计算全面积；层高不足 2.20m 者应计算 1/2 面积。有永久性顶盖无围护结构的应按其结构底板水平面积的 1/2 计算。

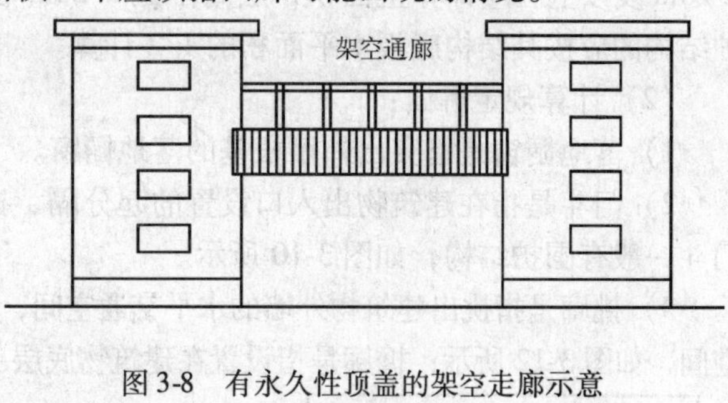

图 3-8　有永久性顶盖的架空走廊示意

（2）计算规定解读：架空走廊是指建筑物与建筑物之间，在二层或二层以上专门为水平交通设置的走廊，如图 3-8 所示。

8. 立体书库、立体仓库、立体车库

（1）计算规定：立体书库、立体仓库、立体车库，无结构层的应按一层计算，有结构层的应按其结构层面积分别计算。层高在 2.20m 及以上者应计算全面积，层高不足 2.20m 者应计算 1/2 面积。

（2）计算规定解读：

1）计算规范对以前的计算规定进行了修订，增加了立体车库的面积计算。立体车库、立体仓库、立体书库不规定是否有围护结构，均按是否有结构层，应区分不同的层高来确定建筑面积计算的范围，改变了以前按书架层和货架层计算面积的规定。

2）立体书库建筑面积计算实例如图 3-9 所示。

$$
\begin{aligned}
\text{建筑面积} &= (2.82m + 4.62m) \times (2.82m + 9.12m) + 1.2m \times 3.0m + [(2.82m + 4.62m) \times 2.82m + 9.12m \times 2.82m]/2 \\
&= 7.44m \times 11.94m + 3.6m^2 + (20.98m^2 + 25.72m^2)/2 \\
&= 88.83m^2 + 3.6m^2 + 23.35m^2 \\
&= 115.78m^2
\end{aligned}
$$

9. 舞台灯光控制室

（1）计算规定：有围护结构的舞台灯光控制室，应按其围护结构外围水平面积计算。层高在 2.20m 及以上者应计算全面积，层高不足 2.20m 者应计算 1/2 面积。

（2）计算规定解读：如果舞台灯光控制室有围护结构且只有一层，那么就不能另外计算面积。因为整个舞台的面积计算已经包含了该灯光控制室的面积。

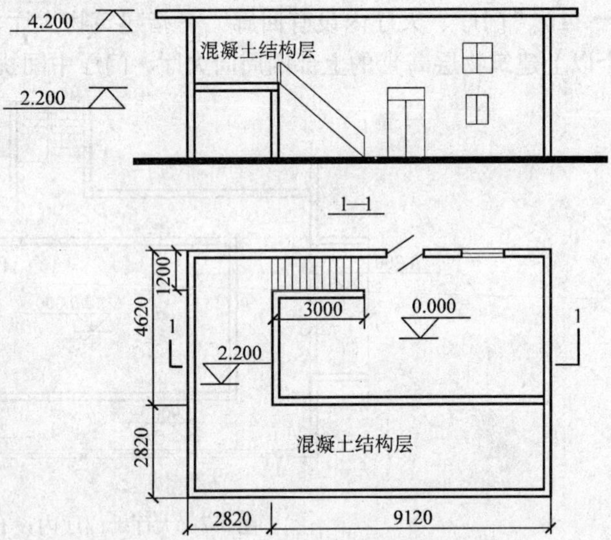

图 3-9　立体书库建筑面积计算示意

10. 落地橱窗、门斗、挑廊、走廊、檐廊

（1）计算规定：建筑物外有围护结构的落地橱窗、门斗、挑廊、走廊、檐廊，应按其围护结构外围水平面积计算。层高在 2.20m 及以上者应计算全面积，层高不足 2.20m 者应计算 1/2 面积。有永久性顶盖、无围护结构的应按其结构底板水平面积的 1/2 计算。

（2）计算规定解读：

1）落地橱窗是指突出外墙根基的落地橱窗。

2）门斗是指在建筑物出入口设置的起分隔、挡风、御寒等作用的建筑过渡空间。保温门斗一般有围护结构，如图 3-10 所示。

3）挑廊是指挑出建筑物外墙的水平交通空间，如图 3-11 所示；走廊指建筑物的水平交通空间，如图 3-12 所示；檐廊是指设置在建筑物底层出檐下的水平交通空间，如图 3-12 所示。

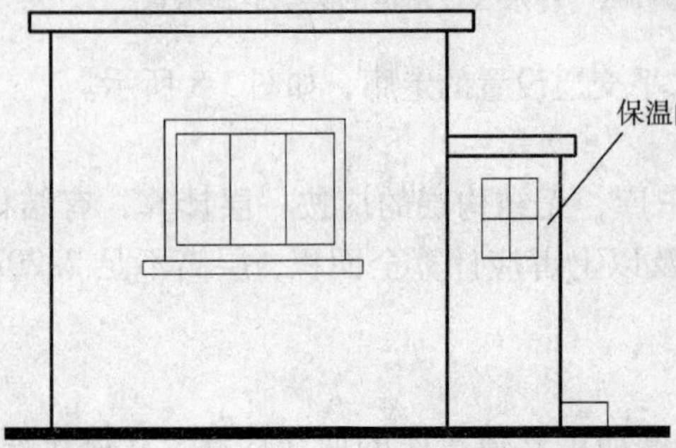

图 3-10　有围护结构门斗示意

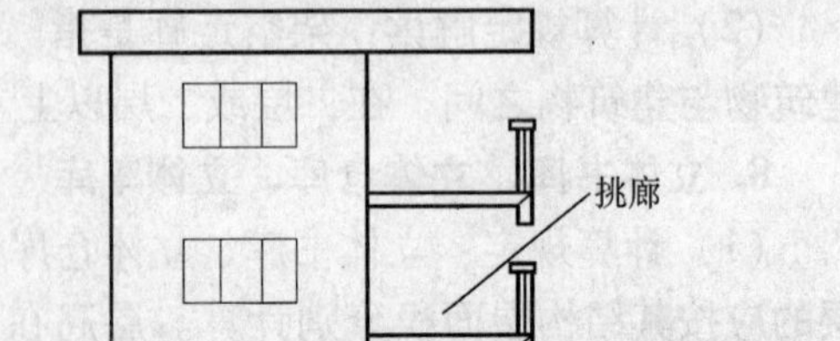

图 3-11　挑廊、无柱走廊示意

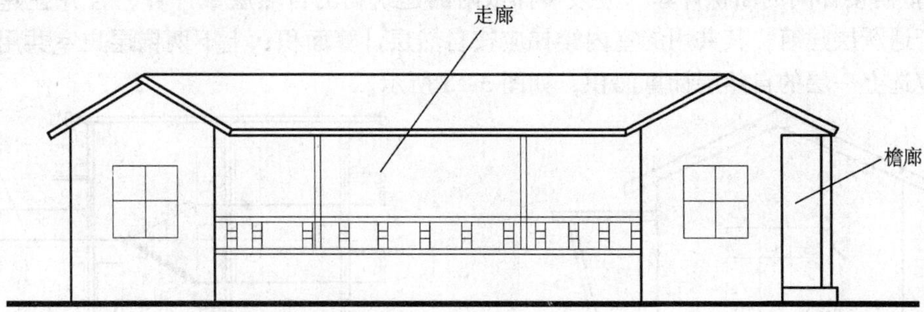

图 3-12　走廊、檐廊示意

11. 场馆看台

（1）计算规定：有永久性顶盖、无围护结构的场馆看台应按其顶盖水平投影面积的 1/2 计算。

（2）计算规定解读：这里所称的“场馆”实际上是指“场”（如：足球场、网球场等）看台上有永久性顶盖部分。“馆”（如：乒乓球、羽毛球馆等）应是有永久性屋盖和围护结构的，应按单层或多层建筑相关规定计算面积。

12. 建筑物顶部楼梯间、水箱间、电梯机房

（1）计算规定：建筑物顶部楼梯间、水箱间、电梯机房，层高在 2. 20m 及以上者应计算全面积，层高不足 2. 2m 者应计算 1/2 面积。

（2）计算规定解读：

1）如遇建筑物屋顶的楼梯间是坡屋顶时，应按坡屋顶的相关规定计算面积。

2）单独放在建筑物屋顶上的混凝土水箱或钢板水箱，不计算面积。

3）建筑物屋顶水箱间、电梯机房示意如图 3-13 所示。

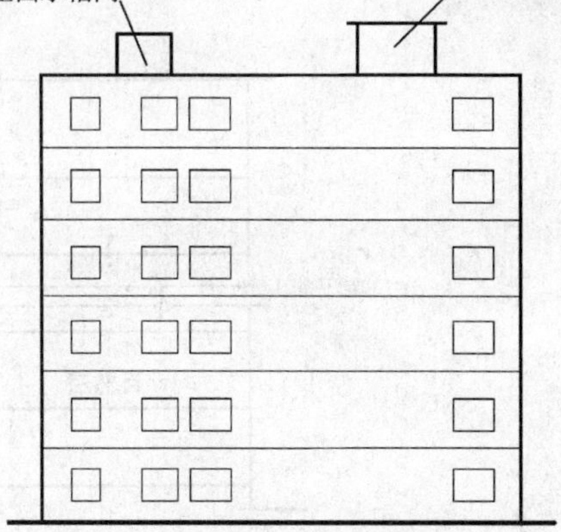

图 3-13　屋面水箱间、电梯机房示意

13. 不垂直于水平面而超出底板外沿的建筑物

（1）计算规定：设有围护结构不垂直于水平面而超出底板外沿的建筑物，应按其底板面的外围水平面积计算。层高在 2. 20m 及以上者应计算全面积，层高不足 2. 20m 者应计算 1/2 面积。

（2）计算规定解读：设有围护结构不垂直于水平面而超出底板外沿的建筑物是指向建筑物外倾斜的墙体（如图 3-14 所示）。若遇有建筑物内倾斜的墙体，应视为坡屋面，按坡屋顶的有关规定计算面积。

14. 室内楼梯间、电梯井、垃圾道、附墙烟囱等

（1）计算规定：建筑物内的室内楼梯间、电梯井、观光电梯井、提物井、管道井、通风排气竖井、垃圾道、附墙烟囱应按建筑物的自然层计算。

（2）计算规定解读：

1）室内楼梯间的面积计算，应按楼梯依附的建筑物的自然层数计算，合并在建筑物面积内。若遇跃层建筑，其共用的室内楼梯应按自然层计算面积；上下两错层户室共用的室内楼梯，应选上一层的自然层计算面积，如图 3-15 所示。

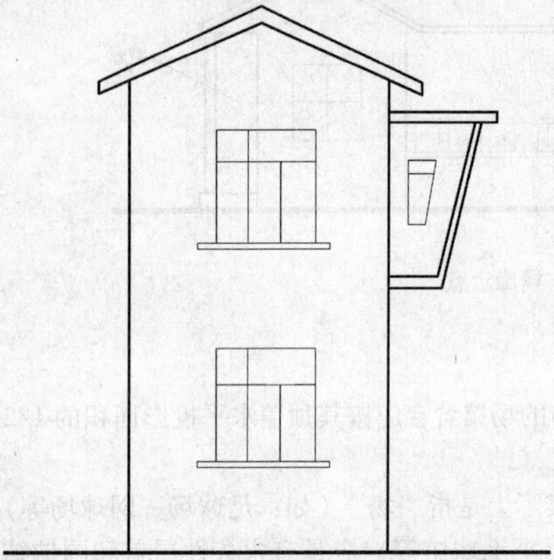

图 3-14　不垂直于水平面超出地板外沿的建筑物

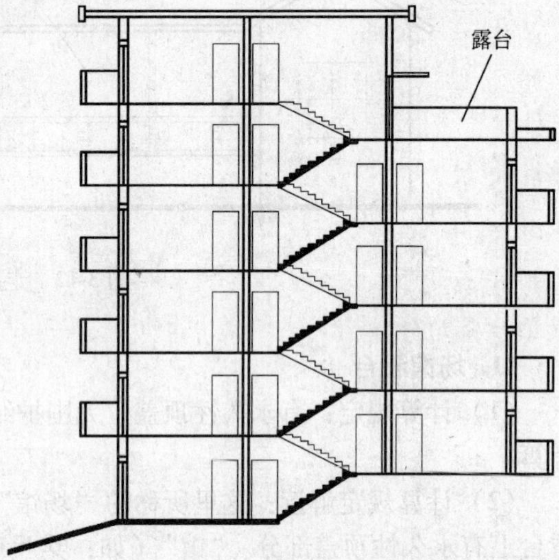

图 3-15　户室错层剖面示意

2）电梯井是指安装电梯用的垂直通道，如图 3-16 所示。

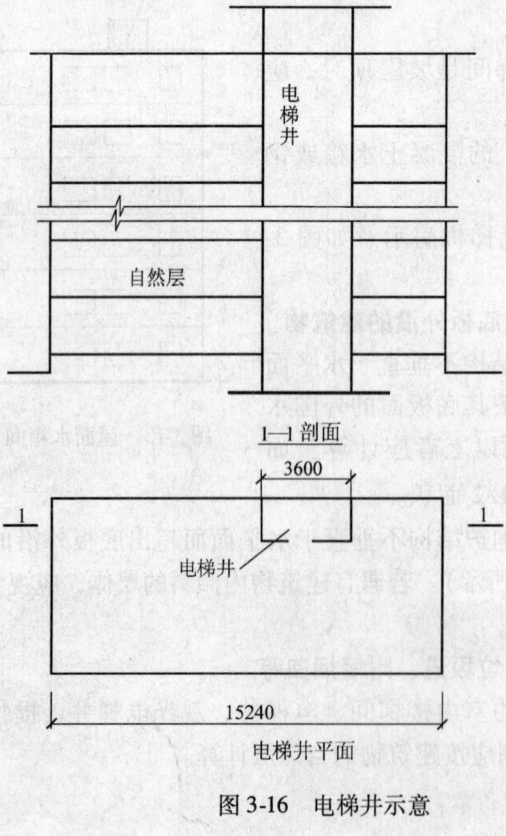

图 3-16　电梯井示意

【例 3.2】 某建筑物共 12 层，电梯井尺寸（含壁厚）如图 3-16 所示，求电梯井面积。

【解】 电梯井面积 $S = 2.80\text{m} \times 3.60\text{m} \times 12$

$= 120.96\text{m}^2$

3）提物井是指图书馆提升书籍、酒店提升食物的垂直通道。

4）垃圾道是指写字楼等大楼内每层设垃圾倾倒口的垂直通道。

5）管道井是指宾馆或写字楼内集中安装给水排水、采暖、消防、电线管道用的垂直通道。

15. 雨篷

（1）计算规定：雨篷结构的外边线至外墙结构外边线的宽度超过 2.10m 者，应按雨篷结构板的水平投影面积的 1/2 计算。

（2）计算规定解读：

1）雨篷均以其宽度超过 2.10m 或不超过 2.10m 划分，超过者按雨篷结构板水平投影面积的 1/2 计算，不超过者不计算。上述规定不管雨篷是否有柱或无柱，计算应一致。

2）有柱的雨篷、无柱的雨篷、独立柱的雨篷如图 3-17、图 3-18 所示。

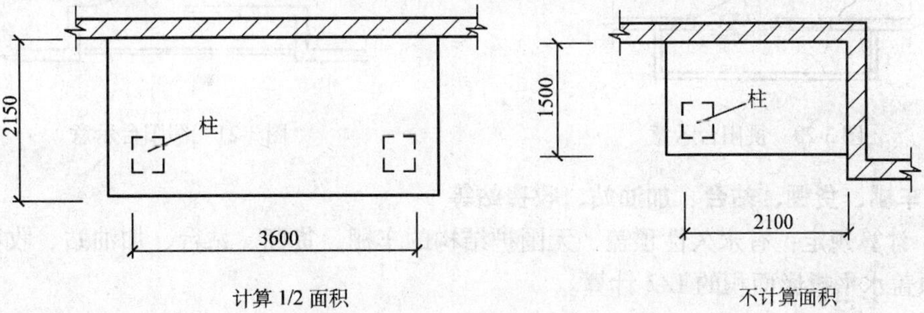

图 3-17 有柱雨篷示意

16. 室外楼梯

（1）计算规定：有永久性顶盖的室外楼梯，应按建筑物自然层的水平投影面积的 1/2 计算。

（2）计算规定解读：室外楼梯，最上层楼梯无永久性顶盖或不能完全遮盖楼梯的雨篷，上层楼梯不计算面积，上层楼梯可视为下层楼梯的永久性顶盖，下层楼梯应计算面积，如图 3-19 所示。

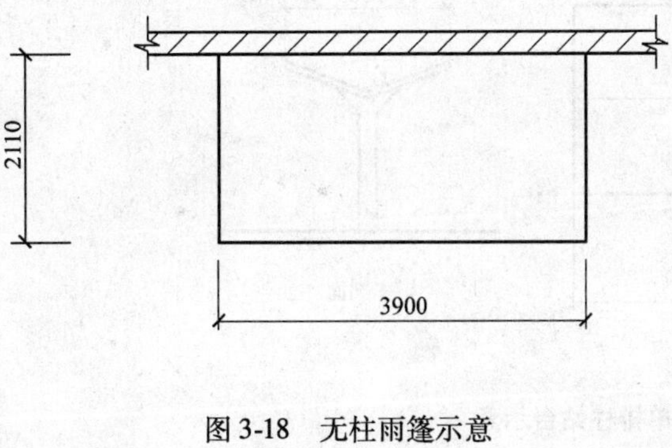

图 3-18 无柱雨篷示意

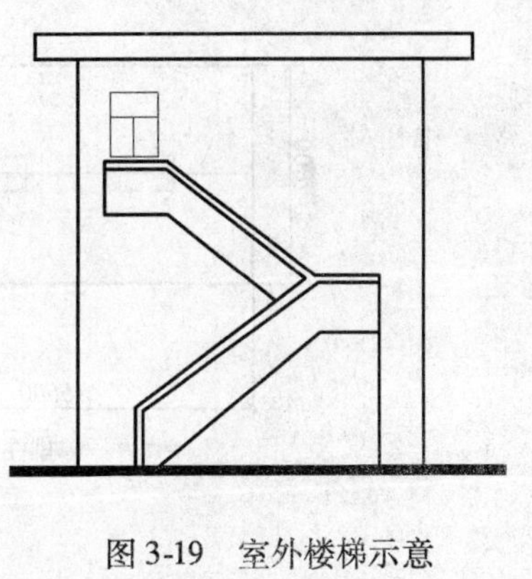

图 3-19 室外楼梯示意

17. 阳台

（1）计算规定：建筑物的阳台均应按其水平投影面积的 1/2 计算。

（2）计算规定解读：

1）建筑物的阳台，不论是封闭阳台，还是不封闭阳台均按其水平投影面积的 1/2 计算面积。

2）凹阳台、挑阳台示意如图 3-20、图 3-21 所示。

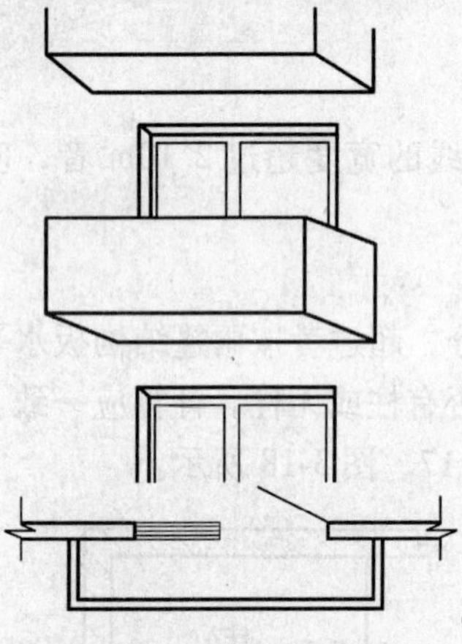

图 3-20　挑阳台示意

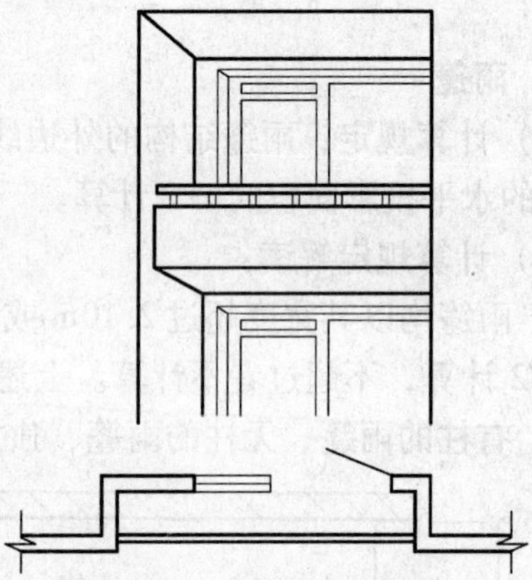

图 3-21　凹阳台示意

18. 车棚、货棚、站台、加油站、收费站等

（1）计算规定：有永久性顶盖、无围护结构的车棚、货棚、站台、加油站、收费站等，应按其顶盖水平投影面积的 1/2 计算。

（2）计算规定解读：

1）车棚、货棚、站台、加油站、收费站等的面积计算。由于建筑技术的发展，出现许多新型结构，如柱不再是单纯的直立柱，而出现正 V 形、倒 Λ 形不同类型的柱，给面积计算带来许多争议。为此，我们不以柱来确定面积，而依据顶盖的水平投影面积来计算。

2）在车棚、货棚、站台、加油站、收费站内设有带围护结构的管理房间、休息室等，应另按有关规定计算面积。

3）站台示意如图 3-22 所示。

其面积为 $S=2.0\text{m}\times5.50\text{m}\times1/2=5.50\text{m}^2$。

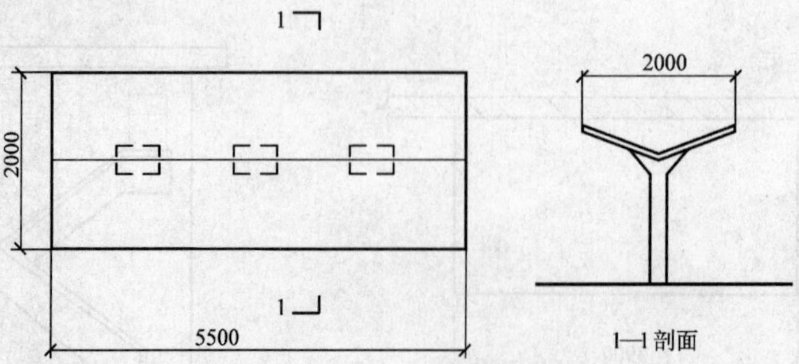

单排柱站台平面　　1—1 剖面

图 3-22　单排柱站台示意

19. 高低联跨建筑物

（1）计算规定：高低联跨的建筑物，应以高跨结构外边线为界分别计算建筑面积；其高低跨内部连通时，其变形缝应计算在低跨面积内。

（2）计算规定解读：

1）高低联跨建筑物示意如图 3-23 所示。

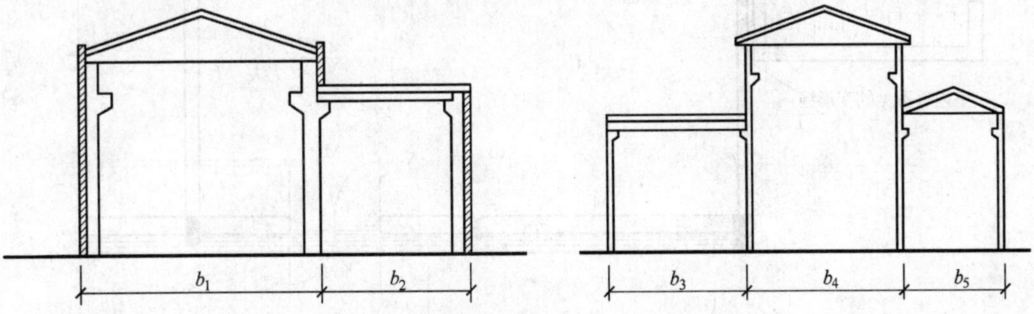

图 3-23　高低联跨单层建筑物建筑面积计算示意

2）建筑面积计算示例。

【例 3.3】　当建筑物为 L 时，其建筑面积分别为多少？

【解】

$$S_{高1} = b_1 \times L$$

$$S_{高2} = b_4 \times L$$

$$S_{低1} = b_2 \times L$$

$$S_{低2} = (b_3 + b_5) \times L$$

20. 以幕墙作为围护结构的建筑物

（1）计算规定：以幕墙作为围护结构的建筑物，应按幕墙外边线计算建筑面积。

（2）计算规定解读：围护性幕墙是指直接作为外墙起围护作用的幕墙。

21. 建筑物外墙外侧有保温隔热层　计算规定：建筑物外墙外侧有保温隔热层的，应按保温隔热层外边线计算建筑面积。

22. 建筑物内的变形缝

（1）计算规定：建筑物内的变形缝，应按其自然层合并在建筑物面积内计算。

（2）计算规定解读：

1）本条规定所指建筑物内的变形缝是与建筑物相连通的变形缝，即暴露在建筑物内，可以看得见的变形缝。

2）室内看得见的变形缝示意如图 3-24 所示。

3.2.3.2　不计算建筑面积的范围

1. 建筑物通道

（1）计算规定：建筑物通道（骑楼、过街楼的底层）。

（2）计算规定解读：

1）骑楼是指楼层部分跨在人行道上的临街楼房，如图 3-25 所示。

2）过街楼是指有道路穿过建筑空间的楼房，如图 3-26 所示。

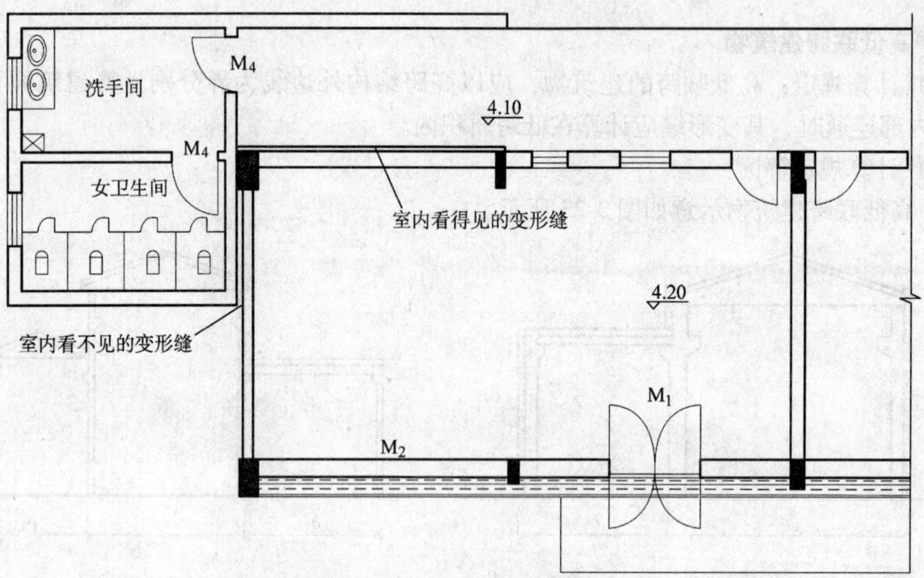

图 3-24　室内看得见的变形缝示意

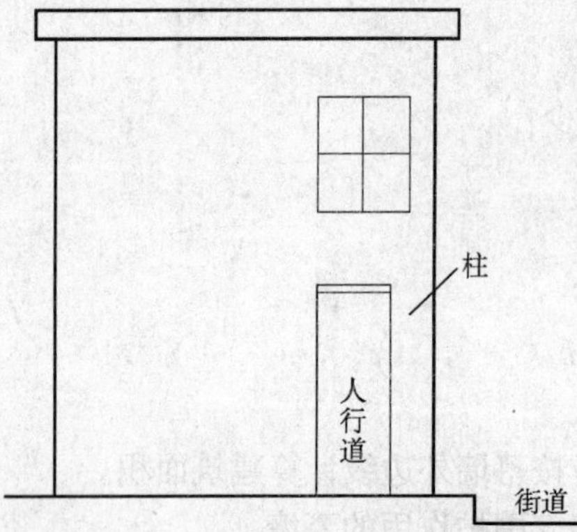

图 3-25　骑楼示意

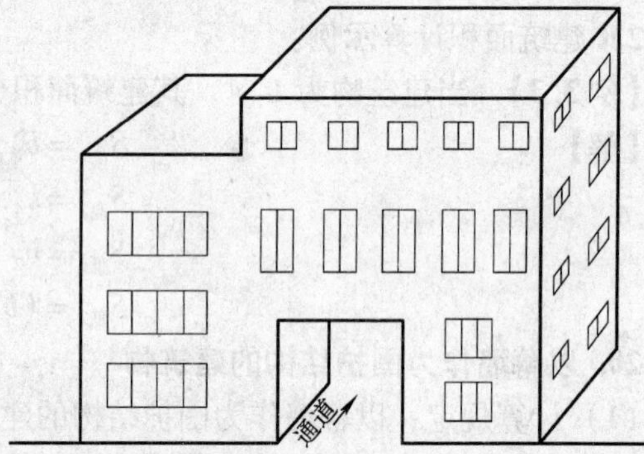

图 3-26　过街楼示意

2. 设备管道夹层

（1）计算规定：建筑物内的设备管道夹层。

（2）计算规定解读：高层建筑的宾馆、写字楼等，通常在建筑物高度的中间部分设置管道及设备层，主要用于集中放置水、暖、电、通风管道及设备。这一设备管道层不应计算建筑面积，如图 3-27 所示。

3. 建筑物内单层房间、舞台及天桥等　建筑物内分隔的单层房间，舞台及后台悬挂幕布、布景的天桥、挑台等不应计算建筑面积。

4. 屋顶花架、露天游泳池等　屋顶水箱、花架、凉棚、露台、露天游泳池不应计算建筑面积。

5. 操作、上料平台等

（1）计算规定：建筑物内的操作平台、上料平台、安装箱和罐体的平台不应计算建筑面积。

（2）计算规定解读：建筑物内的操作平台、上料平台等应按有关规定确定是否应计算建筑面积。操作平台示意如图 3-28 所示。

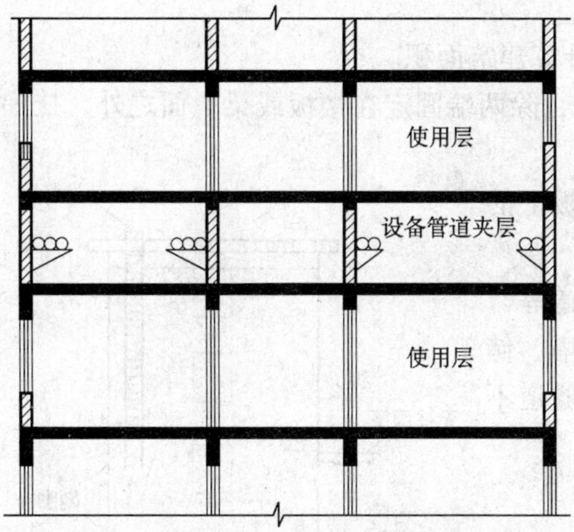

图 3-27　设备管道夹层示意

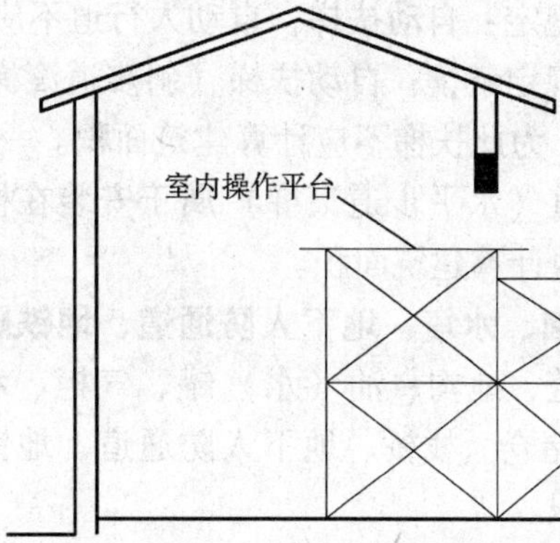

图 3-28　操作平台示意

6. 勒脚、附墙柱、垛等

（1）计算规定：勒脚、附墙柱、垛、台阶、墙面抹灰、装饰面、镶贴块料面层、装饰性幕墙、空调机外机搁板（箱）、飘窗、构件、配件、宽度在 2.10m 及以内的雨篷以及与建筑物内不相连通的装饰性阳台、挑廊等不应计算建筑面积。

（2）计算规定解读：

1）上述内容均不属于建筑结构，所以不应计算建筑面积。

2）附墙柱、垛示意如图 3-29 所示。

3）飘窗是指为房间采光和美化造型而设置的突出外墙的窗，如图 3-30 所示。

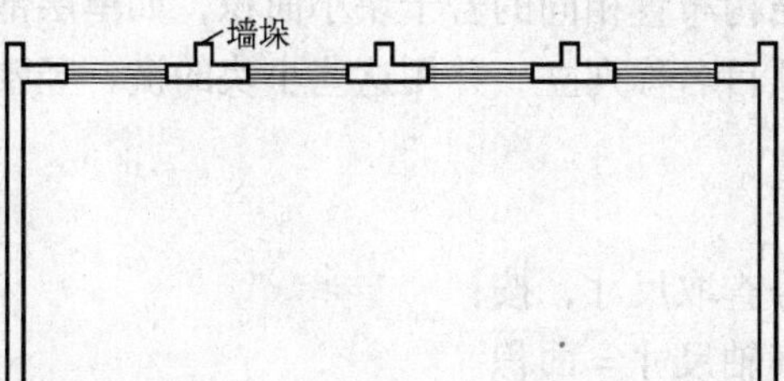

图 3-29　附墙柱、垛示意

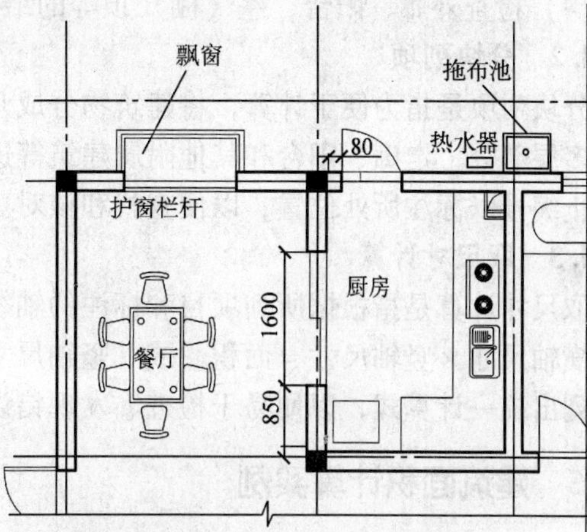

图 3-30　飘窗示意

4）装饰性阳台、挑廊指不能在其中间活动的空间。

7. 无顶盖的架空走廊、室外楼梯和检修梯等

（1）计算规定：无永久性顶盖的架空走廊、室外楼梯和用于检修、消防等的室外钢楼梯、爬梯。

(2) 计算规定解读：室外检修钢爬梯如图 3-31 所示。

8. 自动扶梯等

(1) 计算规定：自动扶梯、自动人行道不应计算建筑面积。

(2) 计算规定解读：自动扶梯（斜步道滚梯），除两端固定在楼板或梁上面之外，扶梯本身属于设备，为此扶梯不应计算建筑面积。

自动人行道（水平步道滚梯）属于安装在楼板上的设备，不应单独计算建筑面积。

9. 独立烟囱、水塔、地下人防通道、地铁隧道等

独立烟囱、烟道、地沟、油（水）罐、气柜、水塔、储油（水）池、储仓、栈桥、地下人防通道、地铁隧道不应计算建筑面积。

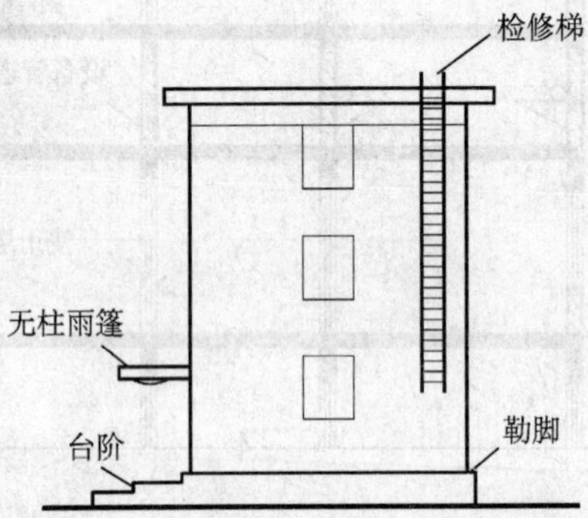

图 3-31　室外检修钢爬梯示意

3.2.4　建筑面积计算步骤

建筑面积的计算可以按：读图分析、分块列项、取尺寸计算等步骤进行。

3.2.4.1　读图分析

读图分析是计算建筑面积的重要环节，读图是指看清建筑物的平、立面布置；分析是指按计算规则可以将建筑物分成几类来计算建筑面积。在读图分析中，应特别注意以下几点：

(1) 注意高跨多层和低跨单层的分界线及其尺寸，以便分开计算建筑面积。

(2) 注意平面图与剖面图中，底层与标准层的外墙是否有变化，以便正确取定尺寸。

(3) 仔细查看室内是否有结构层、夹层和回廊，以便确定是否需要增算建筑面积。

(4) 检查外廊、阳台、篷（棚）顶等的结构布置情况，以便按规则要求列取计算项目。

3.2.4.2　分块列项

分块列项是指为便于计算，将建筑物分成几块结构布置相同的若干块小面积，如单层部分、多层部分、走廊、阳台和其他附属建筑等进行项目名称列立，并用这些小块的横、竖轴线起止编号以标注所处位置，以便查找和核对。

3.2.4.3　取尺寸计算

取尺寸计算是指根据所列项目和标注的轴线编号查取尺寸，按：

横轴尺寸 × 竖轴尺寸 = 面积　或　竖轴尺寸 × 横轴尺寸 = 面积

列出统一计算式，以便易于检查、发现错误、及时纠正。

3.2.5　建筑面积计算实例

【例 3.4】 根据图 3-32，计算其建筑面积（墙厚为 240mm）。

分析：单层建筑物不论其高度如何均按一层计算，突出墙面的附墙柱不计建筑面积。

【解】 建筑面积 $= (3.9\text{m} + 5.1\text{m} + 0.24\text{m}) \times (3.00\text{m} + 3.00\text{m} + 0.24\text{m})$

$= 9.24\text{m} \times 6.24\text{m}$

$= 57.66\text{m}^2$

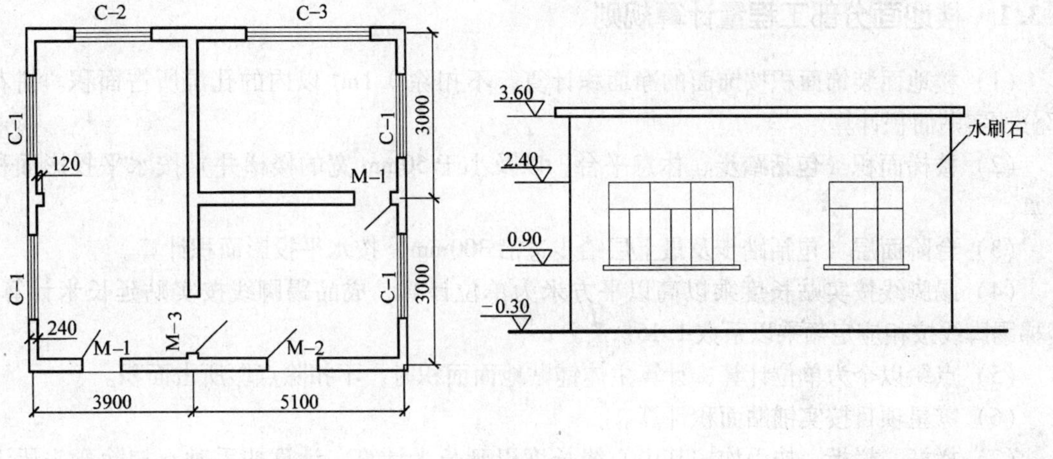

图 3-32　例 3.4 和例 3.12 图

【例 3.5】 根据图 3-33，计算下列雨篷的建筑面积。

分析：雨篷均以其宽度超过 2.10m 或不超过 2.10m 划分，超过者按雨篷结构板水平投影面积的 1/2 计算，不超过者不计算。

【解】

图 3-33①和图 3-33②：

$$雨篷面积 = [2.12\text{m}\times(2.1\text{m}+0.2\text{m}+0.2\text{m})]\times\frac{1}{2}=2.65\text{m}^2$$

图 3-33③和图 3-33④：雨篷宽度不超过 2.10m，不计建筑面积。

图 3-33　雨篷平面

3.3　楼地面工程

楼地面是指楼面和地面，其主要构造层次一般为基层、垫层和面层，必要时可增设填充层、隔离层、结合层等。

在《全国统一建筑装饰装修工程消耗量定额》（GYD901—2002）中楼地面工程分部包括整体面层、块料面层、橡塑面层、其他材料面层，踢脚线、楼梯装饰，扶手、栏杆、栏板装饰，台阶装饰及零星装饰等项目内容。

3.3.1 楼地面分部工程量计算规则

（1）楼地面装饰面积按饰面的净面积计算，不扣除 $0.1m^2$ 以内的孔洞所占面积。拼花部分按实贴面积计算。

（2）楼梯面积（包括踏步、休息平台，以及小于 50mm 宽的楼梯井）按水平投影面积计算。

（3）台阶面层（包括踏步及最上层踏步边沿 300mm）按水平投影面积计算。

（4）踢脚线按实贴长度乘以高以平方米为单位计算，成品踢脚线按实贴延长米计算。楼梯踢脚线按相应定额乘以系数 1.15。

（5）点缀以个为单位计算，计算主体铺贴地面面积时，不扣除点缀所占面积。

（6）零星项目按实铺贴面积计算。

（7）栏杆、栏板、扶手均按其中心线长度以延长米计算，计算扶手时不扣除弯头所占长度。

（8）弯头以个为单位计算。

（9）石材底面刷养护液按底面面积加 4 个侧面面积，以平方米为单位计算。

3.3.2 楼地面工程量计算实例

【例 3.6】 某建筑平面如图 3-34 所示，墙厚 240mm，室内铺设 500mm × 500mm 中国红大理石（门洞处另做），试计算大理石地面的工程量。

分析：楼地面装饰面积按饰面的净面积计算，不扣除 $0.1m^2$ 以内的孔洞所占面积。拼花部分按实贴面积计算。按饰面的净面积计算可理解为实铺面积，扣除墙体面积但不扣除 $0.1m^2$ 以内的孔洞所占面积。

【解】

工程量 $=(3.9m-0.24m)\times(3m+3m-0.24m)+(5.1m-0.24m)\times(3m-0.24m)\times 2-0.24m\times 0.12m$

$=21.082m^2+26.827m^2-0.03m^2=47.88m^2$

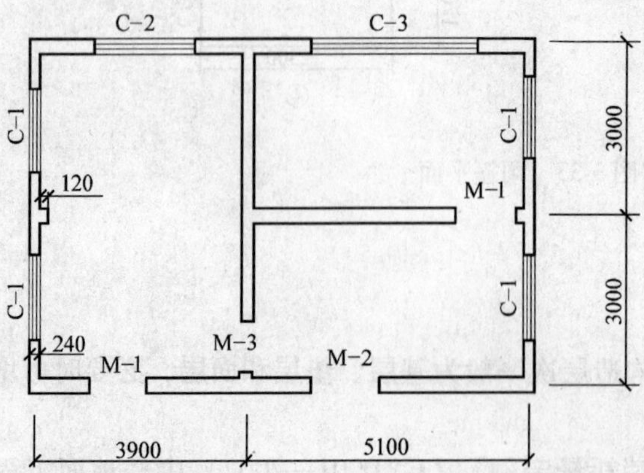

门窗表	
M-1	1000mm×2000mm
M-2	1200mm×2000mm
M-3	900mm×2400mm
C-1	1500mm×1500mm
C-2	1800mm×1500mm
C-3	3000mm×1500mm

图 3-34 例 3.6 图

【例 3.7】 在例 3.3 中，若室内铺设 600mm × 75mm × 18mm 实木地板，柚木 UV 漆板、四面企口，木龙骨 50mm × 30mm@ 500mm，门洞处做法与室内一致。试计算木地板地面的工程量。

分析：门洞开口部分并入相应的工程量内。

【解】 木地板地面的工程量

= 地面工程量 + 门洞口部分的工程量

$= 46.95\text{m}^2 + (1\text{m} \times 2\text{m} + 1.2\text{m} + 0.9\text{m}) \times 0.24\text{m}$

$= 46.95\text{m}^2 + 0.984\ \text{m}^2 = 47.93\text{m}^2$

【例 3.8】 某建筑物内一楼梯如图 3-35 所示，同走廊连接，采用直线双跑形式，墙厚 240mm，梯井宽 300mm，楼梯满铺芝麻白大理石，试计算其工程量。

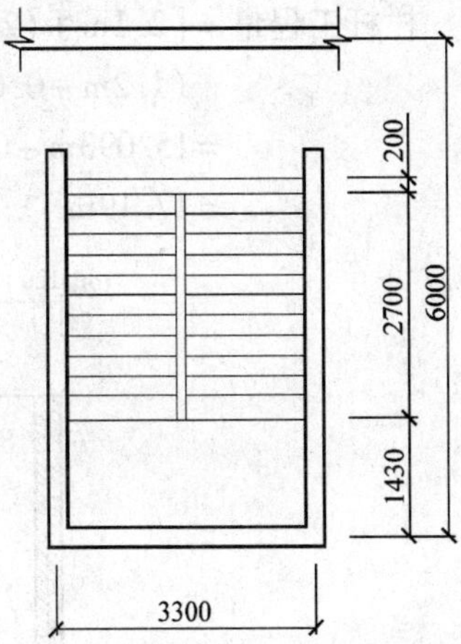

图 3-35 例 3.8 图

分析：楼梯面层包括踏步、休息平台，以及小于 50mm 宽的楼梯井，按水平投影面积计算；不包括楼梯踢脚线、底面侧面抹灰。

楼梯井是由梯段、楼梯平台围合而成的井状空间。

【解】 楼梯工程量 $= (3.3\text{m} - 0.24\text{m}) \times (6.0\text{m} - 0.24\text{m}) = 3.06\text{m}^2 \times 5.76\ \text{m}^2 = 17.63\text{m}^2$

【例 3.9】 计算图 3-34 所示室内贴 150mm 高的中国红大理石踢脚线的工程量。

分析：踢脚线按实贴长度乘以高以平方米为单位计算，成品踢脚线按实贴延长米计算。

【解】

踢脚线工程量 $= (3.9\text{m} - 0.24\text{m} + 3\text{m} \times 2\text{m} - 0.24\text{m}) \times 2 + (5.1\text{m} - 0.24\text{m} + 3\text{m} - 0.24\text{m}) \times 2 \times 2 - (0.9\text{m} + 1\text{m}) \times 2 - (1.2\text{m} + 1\text{m}) + 0.24\text{m} \times 4 + 0.12\text{m} \times 2$

$= 9.42\text{m} \times 2 + 7.62\text{m} \times 4 - 1.9\text{m} \times 2 - 2.2\text{m} + 0.96\text{m} + 0.24\text{m}$

$= 44.52\text{m}$

【例 3.10】 某学院办公楼入口台阶如图 3-36 所示，花岗石贴面，试计算其台阶工程量。

分析：台阶装饰按设计图示尺寸以台阶（包括最上层踏步边沿加 300mm）水平投影面积计算。

台阶面层与平台的面层使用同一材料时，平台计算面层后，台阶不再计算最上一层踏步面积；如台阶计算最上一层踏步（加 300mm），平台面层中必须扣除该面积。

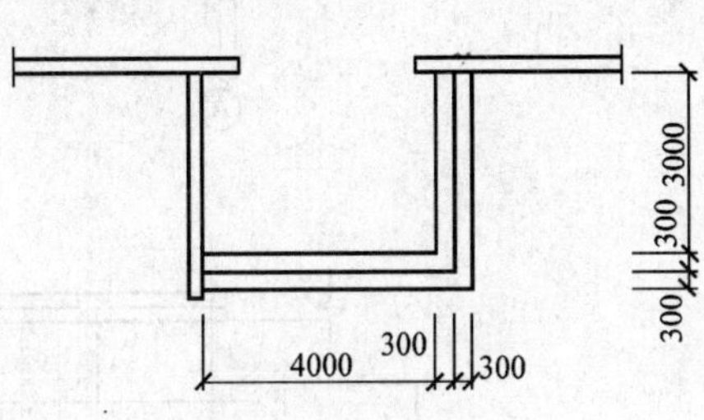

图 3-36 例 3.10 图

【解】

台阶工程量 $= 4.6\text{m} \times 3.6\text{m} - 3.7\text{m} \times 2.7\text{m} = 6.57\text{m}^2$

【例 3.11】 某楼梯如图 3-37 所示，试计算栏杆的工程量。

分析：扶手、栏杆、栏板装饰按设计图示尺寸以扶手中心线长度计算。计算时，弯头的长度不予扣除。

栏杆长度 = 第一、二、三、四、五跑斜长 + 第三、五跑水平长 + 弯头水平长

$$楼梯踏步斜长系数 = \frac{\sqrt{(0.15\text{m})^2 + (0.30\text{m})^2}}{0.3\text{m}} = 1.118$$

【解】

栏杆工程量 = [2.1m + (2.1m + 0.6m) + 0.3m × 10 + 0.3m × 10] × 1.118 + 0.6m + (1.2m + 0.06m) + 0.06m × 4

= 15.093m + 0.6m + 1.26m + 0.24m

= 17.19m

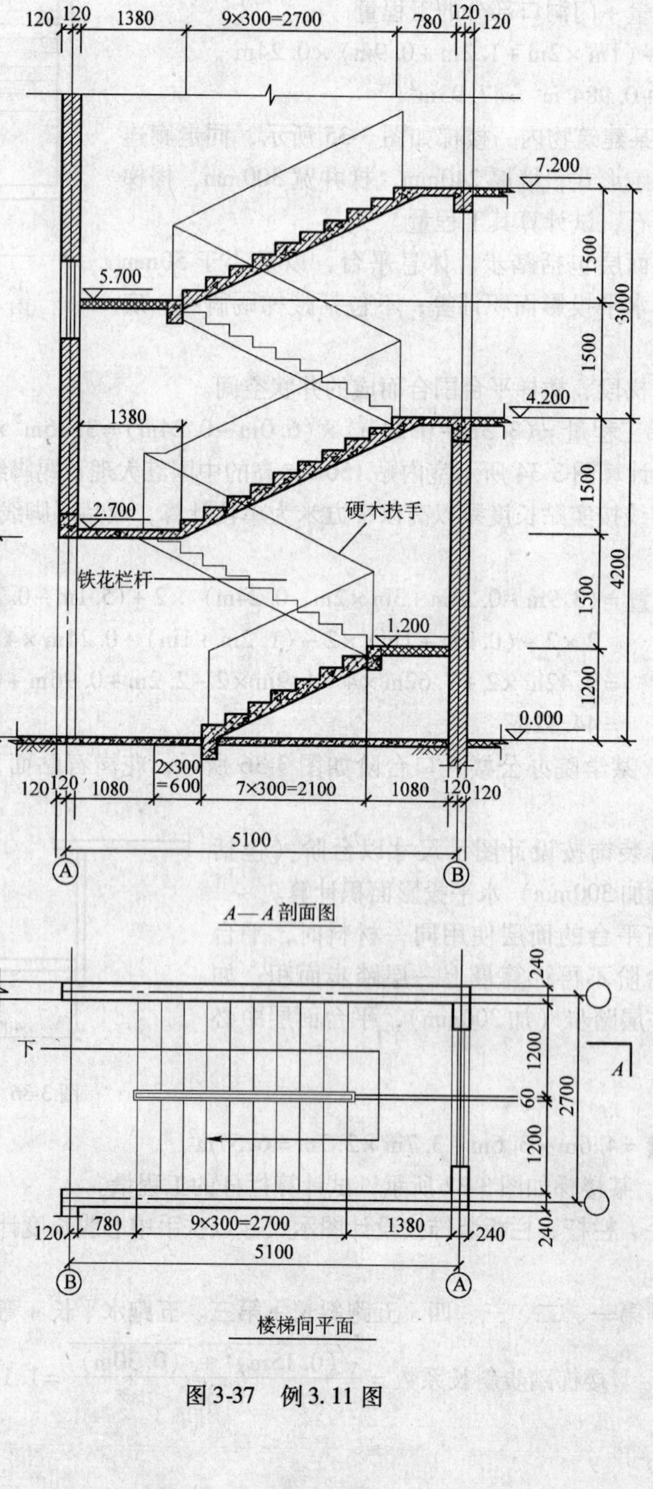

图 3-37　例 3.11 图

3.4 墙柱面工程

墙面装修按材料和施工方法不同分为抹灰、贴面、涂刷和裱糊四类。抹灰分为一般抹灰和装饰抹灰。

在《全国统一建筑装饰装修工程消耗量定额》（GYD－901—2002）中墙柱面工程分部主要包括（墙面、柱面、零星）抹灰、（墙面、柱面、零星）镶贴块料、墙饰面、柱（梁）饰面、隔断、隔墙、幕墙等工程。

3.4.1 墙柱面分部工程量计算规则

（1）外墙面装饰抹灰面积，按垂直投影面积计算，扣除门窗洞口和0.3m^2 以上的孔洞所占面积，门窗洞口和孔洞的侧壁面积也不增算。附墙柱侧面抹灰面积并入外墙抹灰面积工程量内。

（2）柱抹灰按结构断面周长乘以高计算。

（3）女儿墙（包括泛水、挑砖）、阳台栏板（不扣除花格所占孔洞面积）内侧抹灰按垂直投影面积乘以系数1.10，带压顶者乘系数1.30按墙面定额执行。

（4）“零星项目”按设计图示尺寸以展开面积计算。

（5）墙面贴块料面层，按实贴面积计算。

（6）墙面贴块料、饰面高度在300mm以内者，按踢脚板定额执行。

（7）柱饰面面积按外围饰面尺寸乘以高度计算。

（8）挂贴大理石、花岗岩中其他零星项目的花岗岩、大理石是按成品考虑的，花岗岩、大理石的柱墩、柱帽按最大外径周长计算。

（9）除定额已列有柱帽、柱墩的项目外，其他项目的柱帽、柱墩工程量按设计图纸尺寸以展开面积计算，并入相应柱面积内，每个柱帽或柱墩另增人工为：抹灰0.25工日，块料0.38工日，饰面0.5工日。

（10）隔断按墙的净长乘净高计算，扣除门窗洞口及0.3m^2 以上的孔洞所占面积。

（11）全玻隔断的不锈钢边框工程量按边框展开面积计算。

（12）全玻隔断、全玻璃幕如有加强肋者，工程量按其展开面积计算；玻璃幕墙、铝板幕墙以框外围面积计算。

（13）装饰抹灰分格、嵌缝按装饰抹灰面积计算。

3.4.2 墙柱面工程量计算实例

【例3.12】 如图3-32所示，内墙面为1∶2水泥砂浆，外墙面为普通水泥白石子水刷石，门窗尺寸分别为：M—1：900mm × 2000mm；M—2：1200mm × 2000mm；M—3：1000mm × 2000mm；C—1：1500mm × 1500mm；C—2：1800mm × 1500mm，C—3：3000mm × 1500mm。试计算外墙面抹灰工程量。

分析：墙面抹灰按设计图示尺寸以平方米为单位计算。计算时，扣除墙裙、门窗洞口及单个0.3m^2 以上的孔洞面积；门窗洞口和孔洞的侧壁及顶面不增加面积，附墙柱、梁、柱、烟囱侧壁并入相应的墙面面积内。

外墙抹灰面积按外墙垂直投影面积计算。

【解】

外墙抹灰工程量 = 墙面工程量 − 门洞口工程量

$= (3.9\text{m} + 5.1\text{m} + 0.24\text{m} + 3\text{m} \times 2 + 0.24\text{m}) \times 2 \times (3.6\text{m} + 0.3\text{m}) - (1.5\text{m} \times 1.5\text{m} \times 4 + 1.8\text{m} \times 1.5\text{m} + 3\text{m} \times 1.5\text{m} + 0.9\text{m} \times 2\text{m} + 1.2\text{m} \times 2\text{m})$

$= 15.48\text{m} \times 2 \times 3.9\text{m} - (9\text{m}^2 + 2.7\text{m}^2 + 4.5\text{m}^2 + 1.8\text{m}^2 + 2.4\text{m}^2)$

$= 100.34\text{m}^2$

【例 3.13】 某建筑平面如图 3-38 所示，墙厚 240mm，室内净高 3.9m，门的尺寸为 1500mm×2700mm，内墙中级抹灰。试计算南立面内墙抹灰工程量。

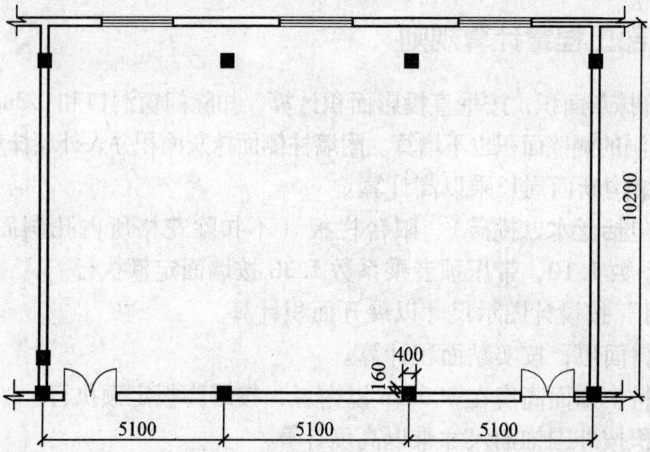

图 3-38 例 3.13 图

分析：计算内墙面抹灰工程量时，应扣除墙裙、门窗洞口及 0.3m^2 以上的孔洞面积，不扣除踢脚线、挂镜线和墙与构件交接处的面积，门窗洞口和孔洞的侧壁及顶面不增加面积，附墙柱、梁、垛、烟囱侧壁并入相应的墙面面积内。墙面抹灰不扣除与构件交接处的面积，是指墙与梁的交接处所占面积，不包括墙与楼板的交接的面积。

内墙面的长度以主墙间的图示净长计算，高度按室内地面至天棚底面净高计算。

【解】

南立面内墙面抹灰工程量 = 墙面工程量 + 柱侧面工程量 − 门洞口工程量

内墙面净长 $= 5.1\text{m} \times 3 - 0.24\text{m} = 15.06\text{m}$

柱侧面工程量 $= 0.16\text{m} \times 3.9\text{m} \times 6 = 3.744\text{m}^2$

门洞口工程量 $= 1.5\text{m} \times 2.7\text{m} \times 2 = 8.1\text{m}^2$

墙面抹灰工程量 $= 15.06\text{m} \times 3.9\text{m} + 3.744\text{m}^2 - 8.1\text{m}^2$

$= 58.734\text{m}^2 + 3.744\text{m}^2 - 8.1\text{m}^2$

$= 54.38\text{m}^2$

【例 3.14】 某建筑物钢筋混凝土柱的构造如图 3-39 所示，柱面挂贴花岗岩面层，试计算工程量。

分析：柱面镶贴块料按设计图示尺寸以面积计算，柱帽、柱墩工程量并入相应柱面内计算。

【解】

所求工程量 = 柱身工程量 + 柱帽工程量

柱身工程量 $= 0.64\text{m} \times 4 \times 3.75\text{m} = 9.6\text{m}^2$

$$柱帽工程量 = (0.64\text{m} + 0.74\text{m}) \times \frac{\sqrt{(0.05\text{m})^2 + (0.15\text{m})^2}}{2} \times 4$$

$$= 1.38\text{m} \times 0.158\text{m} \times 2$$

$$= 0.44\text{m}^2$$

柱面挂贴花岗岩的工程量 $= 7.5\text{m}^2 + 0.44\text{m}^2 = 7.94\text{m}^2$

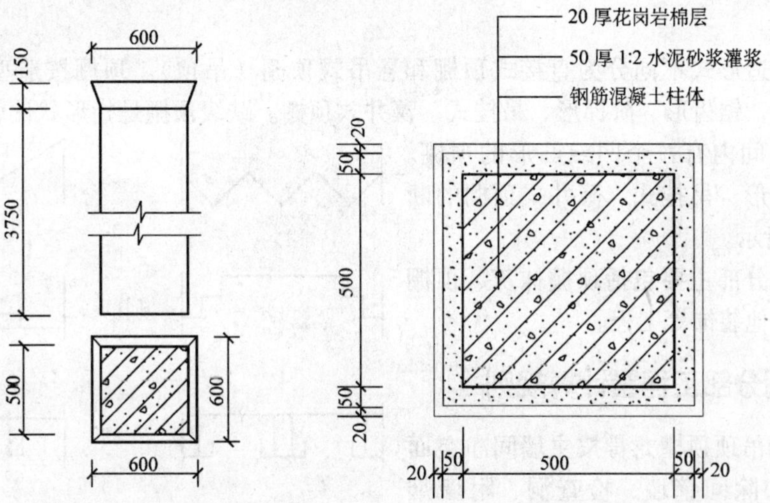

图 3-39 例 3.14 图

【例 3.15】 某厕所平面、立面如图 3-40 所示，隔断及门采用某品牌 80 系列塑钢门窗材料制作。试计算厕所塑钢隔断工程量。

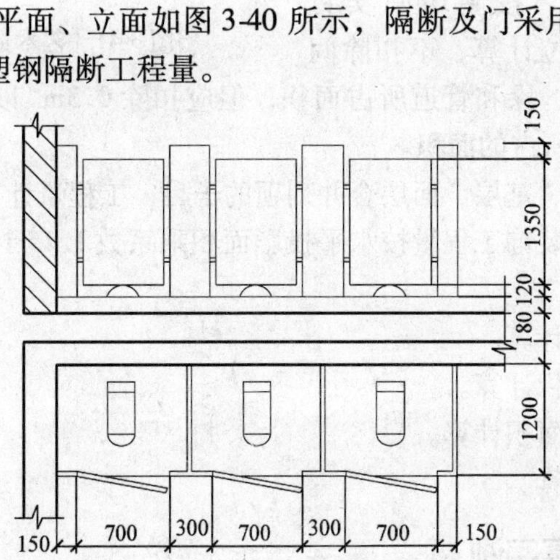

图 3-40 例 3.15 图

分析：隔断按设计图示框外围尺寸以平方米为单位计算。计算时，扣除单个面积在 0.3m^2 以上的孔洞所占面积；浴厕门的材质与隔断相同时，门的面积并入隔断面积内计算。

【解】

厕所隔间隔断工程量 = (1.35m + 0.15m + 0.12m) × (0.3m × 2 + 0.15m × 2 + 1.2m × 3)

= 1.62m × 4.5m = 7.29m^2

厕所隔间门的工程量 = 1.35m × 0.7m × 3 = 2.835m^2

厕所隔断工程量 = 隔间隔断工程量 + 隔间门的工程量

= 7.29m^2 + 2.835m^2 = 10.13m^2

3.5 顶棚工程

顶棚按构造形式不同分为直接式顶棚和悬吊式顶棚（吊顶）。顶棚按造型不同分为平面、跌级顶棚，锯齿形、阶梯形、吊挂式、藻井式顶棚。跌级顶棚是指形状比较简单，不带灯槽，一个空间内有一个凹或凸形的顶棚。锯齿形、阶梯形、吊挂式、藻井式顶棚的断面如图 3-41 所示。

顶棚工程分部主要包括顶棚抹灰、顶棚吊顶、顶棚其他装饰等工程。

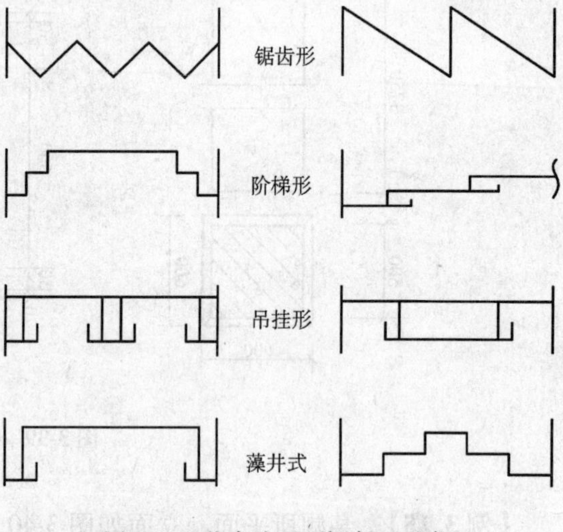

图 3-41 艺术造型顶棚断面示意

3.5.1 顶棚分部工程量计算规则

（1）各种吊顶顶棚龙骨按主墙间净空面积计算，不扣除间壁墙、检查洞、附墙烟囱、柱、垛和管道所占的面积。

（2）顶棚基层按展开面积计算。

（3）顶棚装饰面层，按主墙间实钉（胶）面积以平方米为单位计算，不扣除间壁墙、检查口、附墙烟囱、垛和管道所占面积，但应扣除 0.3m^2 以上的孔洞、独立柱、灯槽及与顶棚相连的窗帘盒所占的面积。

（4）本章定额中龙骨、基层、面层合并列项的子目，工程量计算规则同第一条。

（5）板式楼梯底面的装饰工程量按水平投影面积乘系数 1.15 计算，梁式楼梯底面按展开面积计算。

（6）灯光槽按延长米计算。

（7）保温层按实铺面积计算。

（8）网架按水平投影面积计算。

（9）嵌缝按延长米计算。

3.5.2 顶棚工程量计算实例

【例 3.16】 某建筑平面如图 3-30 所示，墙厚 240mm，顶棚基层类型为混凝土现浇板，方柱尺寸 400mm × 400mm。试计算顶棚抹灰的工程量。

分析：顶棚抹灰按设计图示尺寸以水平投影面积计算。计算时，不扣除柱、垛、间壁墙、附墙烟囱、检查口和管道所占的面积，带梁两侧抹灰面积并入顶棚面积内。

【解】

顶棚抹灰工程量 = (5.1m × 3 − 0.24m) × (10.2m − 0.24m)

= 15.06m × 9.96m

= 150.00m²

【例 3.17】 在上例中，若装潢为顶棚吊顶，试计算顶棚的工程量。

分析：顶棚吊顶按设计图示尺寸以水平投影面积计算。计算时，顶棚面中的灯槽及跌级、锯齿形、吊挂式、藻井式顶棚面积不展开计算；不扣除间壁墙、检查口、附墙烟囱、垛和管道所占面积；扣除单个 0.3m² 以上的孔洞、独立柱及与顶棚相连的窗帘盒所占的面积。

垛是指与墙体相连的柱而突出墙体的部分。

【解】

顶棚吊顶工程量 = 顶棚抹灰工程量 − 独立柱的工程量

= 150.00m² − 0.4m × 0.4m × 2

= 149.68m²

【例 3.18】 某酒店包厢顶棚平面如图 3-42 所示，设计轻钢龙骨石膏板吊顶（龙骨间距 450mm × 450mm，不上人），面涂白色乳胶漆，暗窗帘盒，宽 200mm，墙厚 240mm，试计算顶棚龙骨、基层和面层的工程量。（参照《全国统一建筑装饰装修工程消耗量定额》）

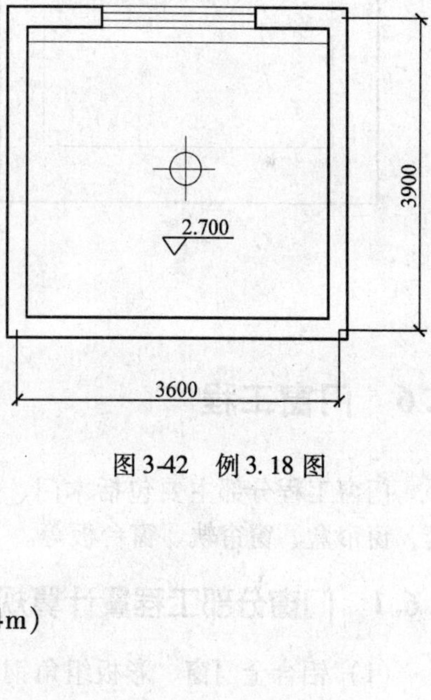

图 3-42 例 3.18 图

分析：《全国统一建筑装饰装修工程消耗量定额》规定：各种吊顶顶棚龙骨按主墙间净空面积计算，不扣除间壁墙、检查口、附墙烟囱、柱垛和管道所占面积；顶棚基层按展开面积计算；顶棚装饰面层，按主墙间实钉（胶）面积以平方米为单位计算，不扣除间壁墙、检查口、附墙烟囱、柱垛和管道所占面积，但应扣除 0.3m² 以上的孔洞、独立柱及与顶棚相连的窗帘盒所占的面积。

【解】

轻钢龙骨的工程量 = (3.6m − 0.24m) × (3.9m − 0.24m)

= 3.36m × 3.66m

= 12.30m²

石膏板基层的工程量 = 主墙间的面积 − 窗帘盒的工程量

= (3.6m − 0.24m) × (3.9m − 0.24m) − (3.6m − 0.24m) × 0.2m

= 3.36m × 3.66m − 3.36m × 0.2m

= 11.63m²

顶棚装饰面层的工程量 = 11.63m²

【例 3.19】 某客厅顶棚尺寸，如图 3-43 所示，为不上人型轻钢龙骨石膏板吊顶，试计算顶棚龙骨、基层的工程量。（参照《全国统一建筑装饰装修工程消耗量定额》）

分析：由图可知，客厅顶棚属跌级形式。根据《全国统一建筑装饰装修工程消耗量定额》，龙骨按主墙间净空面积计算，顶棚的基层工程量按展开面积计算。

【解】

$$龙骨的工程量 = (0.8\text{m} \times 2 + 5\text{m}) \times (0.8\text{m} \times 2 + 4.4\text{m}) = 39.6\text{m}^2$$

$$石膏板基层的工程量 = (0.8\text{m} \times 2 + 5\text{m}) \times (0.8\text{m} \times 2 + 4.4\text{m}) + (4.4\text{m} + 5\text{m}) \times 2 \times 0.15\text{m}$$
$$= 6.6\text{m} \times 6\text{m} + 9.4\text{m} \times 2 \times 0.15\text{m}$$
$$= 42.42\text{m}^2$$

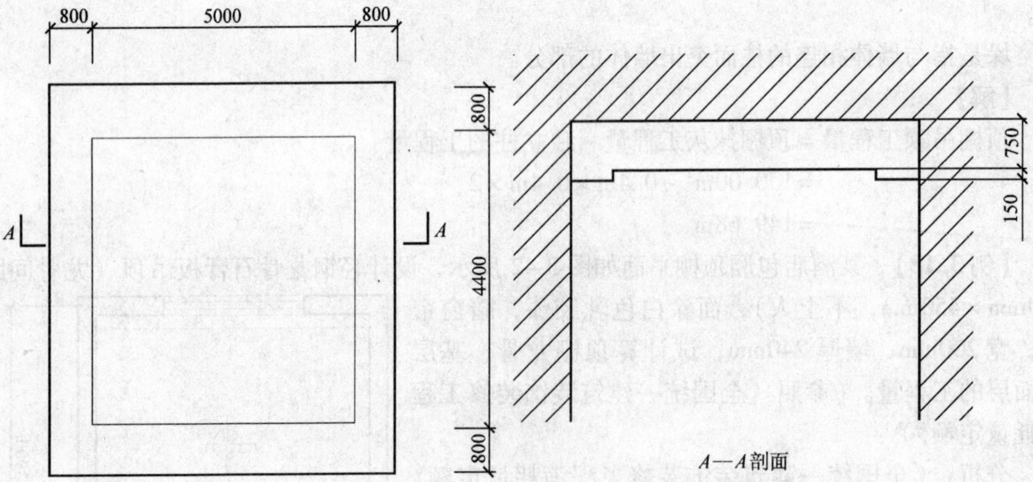

图 3-43　例 3.19 图

3.6　门窗工程

门窗工程分部主要包括木门、金属门、金属卷帘门、其他门等，木窗、金属窗、门窗套，窗帘盒、窗帘轨、窗台板等。

3.6.1　门窗分部工程量计算规则

（1）铝合金门窗、彩板组角钢门窗、塑钢门窗安装均按洞口面积以平方米计算。纱扇制作安装按扇外围面积计算。

（2）卷闸门安装按其安装高度乘以门的实际宽度以平方米为单位计算。安装高度算至滚筒顶点为准。带卷筒罩的按展开面积增加。电动装置安装以套为单位计算，小门安装另以个为单位计算，小门面积不扣除。

（3）防盗门、防盗窗、不锈钢隔栅门按框外围面积以平方米为单位计算。

（4）成品防火门以框外围面积计算，防火卷帘门从地（楼）面算至端板顶点乘设计宽度。

（5）实木门框制作安装按延长米计算。实木门扇制作安装及装饰门扇制作按扇外围面积计算。装饰门扇及成品门扇安装以扇为单位计算。

（6）木门扇皮制隔声面层和装饰板隔声面层，按单面面积计算。

（7）不锈钢板包门框、门窗套、花岗岩门套、门窗筒子板按展开面积计算。门窗贴脸、窗帘盒、窗帘轨按延长米计算。

（8）窗台板按实铺面积计算。

（9）电子感应门及转门按定额尺寸以樘为单位计算。

（10）不锈钢电动伸缩门以樘为单位计算。

3.6.2 门窗工程量计算案例

【例3.20】 某宿舍楼铝合金门连窗，共100樘如图3-44所示，图示尺寸为洞口尺寸。试计算门连窗的安装子目的工程量。（参照《全国统一建筑装饰装修工程消耗量定额》）

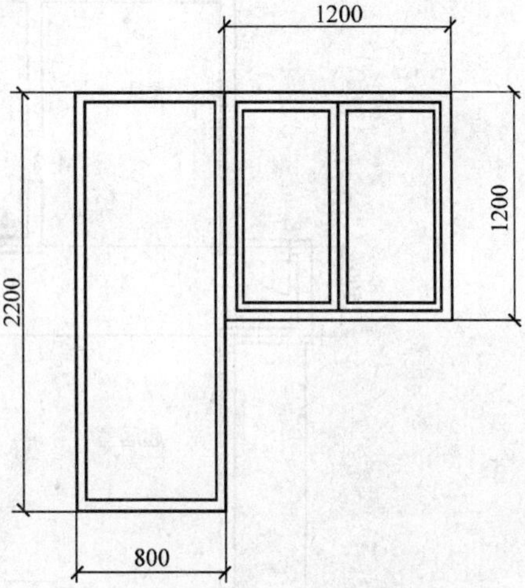

图3-44 例3.20图

分析：《全国统一建筑装饰装修工程消耗量定额》规定：铝合金门窗按洞口面积以平方米为单位计算，铝合金门窗项目分为制作安装与成品安装项目，门、窗应分别计算工程量。

【解】

铝合金门安装工程量 $= 0.8\text{m} \times 2.2\text{m} \times 100$

$= 176\text{m}^2$

铝合金窗安装工程量 $= 1.2\text{m} \times 1.2\text{m} \times 100$

$= 144\text{m}^2$

【例3.21】 某单位车库如图3-45所示，安装遥控电动铝合金卷闸门（带卷筒罩）3樘。门洞口尺寸3700mm×3300mm，卷闸门上有一活动小门：750mm×2000mm，试计算车库卷闸门的安装子目的工程量。（参照《全国统一建筑装饰装修工程消耗量定额》）

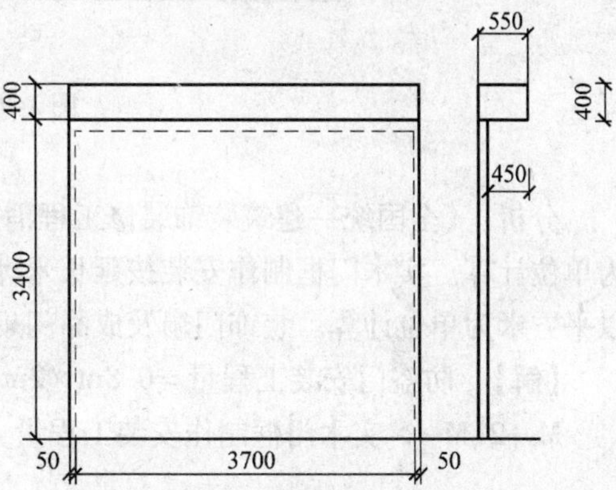

图3-45 例3.21图

分析：《全国统一建筑装饰装修工程消耗量定额》规定：卷闸门安装按其安装高度乘以卷闸门的实际宽度以平方米为单位计算。安装高度算至滚筒顶点为准。如图纸无安装尺寸，按门洞宽加100mm乘以门洞高加600mm计算。卷筒罩按其展开面积增加。电动装置安装以套为单位计算，小门安装以个为单位计算，小门面积不扣除。

【解】 铝合金卷闸门安装工程量＝门帘工程量＋卷筒罩工程量

卷闸门安装工程量

$= (3.3\text{m} + 0.5\text{m}) \times (3.7\text{m} + 0.05\text{m} \times 2) + (0.55\text{m} + 0.4\text{m} + 0.45\text{m}) \times (3.7\text{m} + 0.05\text{m} \times 2)$

$= 3.8\text{m} \times 3.8\text{m} + 1.4\text{m} \times 3.8\text{m}$

$= 19.76\text{m}^2$

电动装置安装工程量 = 1 套

小门安装工程量 = 1 扇

【例 3.22】 某家庭套房平面，如图 3-46 所示。门 M—1 为防盗门（居中立樘），门 M—2、门 M—5 的门扇为实木镶板门扇（凸凹型），门 M—3、门 M—4 的门扇为实木全玻门扇（网格式）。M—1：800mm × 2000mm；M—2：800mm × 2000mm；M—5：750mm × 2000mm。实木门框断面 50mm × 100mm。试计算防盗门的安装工程的工程量，实木门 M—2、M—5 的制作安装工程的工程量。（参照《全国统一建筑装饰装修工程消耗量定额》）

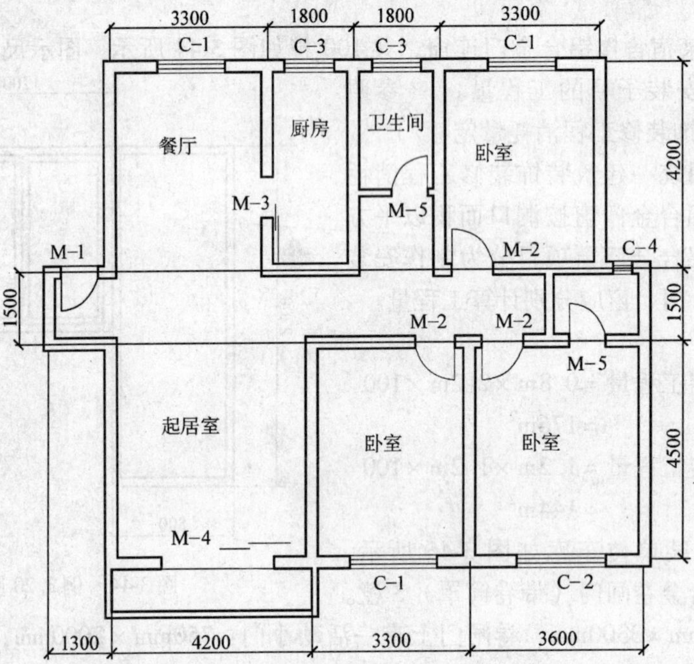

图 3-46 例 3.22 图

分析：《全国统一建筑装饰装修工程消耗量定额》规定：防盗门按框外围面积以平方米为单位计算。实木门框制作安装按延长米计算。实木门扇制作及装饰门扇制作按扇外围面积以平方米为单位计算。装饰门扇及成品门扇安装以扇为单位计算。

【解】 防盗门安装工程量 $=0.8\text{m}\times2\text{m}=1.6\text{m}^2$

M—2、M—5 实木门框制作安装工程量 $=(0.8\text{m}+2\text{m}\times2)\times3+(0.75\text{m}+2\text{m}\times2)\times2$

$=4.8\text{m}\times3+4.75\text{m}\times2=23.9\text{m}$

M—2、M—5 门扇制作安装工程量

$=(2\text{m}-0.05\text{m})\times(0.8\text{m}-0.05\text{m})\times3+(2\text{m}-0.05\text{m})(0.75\text{m}-0.05\text{m})\times2$

$=1.95\text{m}\times0.75\text{m}\times3+1.95\text{m}\times0.7\text{m}\times2=7.12\text{m}^2$

【例 3.23】 某窗台板如图 3-47 所示。门洞尺寸为 1500mm × 1800mm，塑钢窗居中立挺。试计算窗台板的铺贴窗台板子目的工程量。（参照《全国统一建筑装饰装修工程消耗量定额》）

分析:《全国统一建筑装饰装修工程消耗量定额》规定:窗台板分不同材质按实铺面积以平方米为单位计算。

【解】

窗台板铺贴工程量 = 窗台板面宽 × 进深

= 1.5m × 0.1m

= 0.15m²

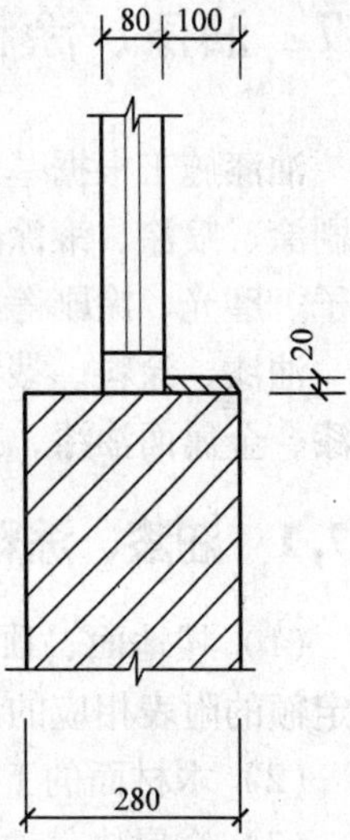

图3-47　例3.23图

【例3.24】　如图3-48①所示,起居室的门洞M—4:3000mm × 2000mm,设计做门套装饰。筒子板构造:细木工板基层,柚木装饰面层,厚30mm。筒子板宽300mm;贴脸构造:80mm宽的柚木装饰线脚。试计算筒子板、贴脸的工程量。

分析:门窗套是指采用木质、石材、不锈钢等材料对门窗洞口周边进行镶贴的装饰护板。门窗套包括A面和B面。筒子板指A面,与墙面垂直。贴脸指B面,与墙面平行,如图3-48②所示。

门窗套按设计图示尺寸以展开面积计算。门窗套、门窗贴脸、筒子板“以展开面积计算”,即指按其铺钉面积计算。

【解】

筒子板工程量 = (1.97m × 2 + 3.02m) × 0.3m

= 6.96m × 0.3m

= 2.09m²

贴脸工程量 = (1.97m × 2 + 3.02m + 0.08m × 2) × 0.08m

= 7.12m × 0.08m

= 0.57m²

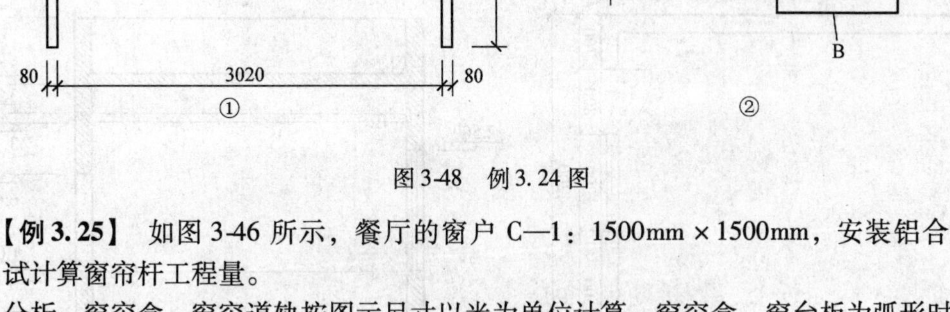

图3-48　例3.24图

【例3.25】　如图3-46所示,餐厅的窗户C—1:1500mm × 1500mm,安装铝合金窗帘杆。试计算窗帘杆工程量。

分析:窗帘盒、窗帘道轨按图示尺寸以米为单位计算。窗帘盒、窗台板为弧形时,按其长度以中心线计算;如设计无规定时,可按窗框外围宽度加300mm(每边加150mm)计算。

【解】

铝合金窗帘杆工程量 = 1.5m + 0.15m × 2 = 1.8m。

3.7 油漆、涂料、裱糊工程

油漆施工根据基层的不同，有木材面油漆、金属面油漆、抹灰面油漆等种类。涂料施工有刷涂、喷涂、滚涂、弹涂、抹涂等形式。油漆、涂料施工一般经过基层处理、打底子、刮腻子、磨光、涂刷等工序。裱糊有对花和不对花两种类型。

油漆、涂料、裱糊工程分部主要包括门油漆，窗油漆，扶手、板条面、线条面、木材面油漆，金属面油漆，抹灰面油漆，喷刷涂料，裱糊等工程。

3.7.1 油漆、涂料、裱糊分部工程量计算规则

（1）楼地面、顶棚面、墙、柱、梁面的喷（刷）涂料、和抹灰面油漆及裱糊工程，均按定额的附表相应的计算规则计算。

（2）木材面的工程量分别按定额的附表相应的计算规则计算。

（3）金属构件油漆的工程量按构件质量计算。

（4）定额中隔墙、护壁、柱、顶棚木龙骨及木地板中木龙骨带毛地板，刷防火涂料工程量的计算规则如下：

1）隔墙、护壁木龙骨按其面层正立面投影面积计算。

2）柱木龙骨按其面层外围面积计算。

3）顶棚木龙骨按其水平投影面积计算。

4）木地板中木龙骨及木龙骨带毛地板按地板面积计算。

（5）隔墙、护壁、柱、顶棚面层及木地板刷防火涂料，执行其他木材面刷防火涂料相应子目。

（6）木楼梯（不包括底面）油漆，按水平投影面积乘以系数2.3，执行木地板相应子目。

3.7.2 油漆、涂料、裱糊工程量计算实例

【例3.26】 某建筑如图3-49所示，外墙刷真石漆墙面，窗连门（如图3.45所示），全玻璃门、推拉窗，居中立樘，框厚80mm，墙厚240mm。试计算外墙真石漆工程量、门窗油

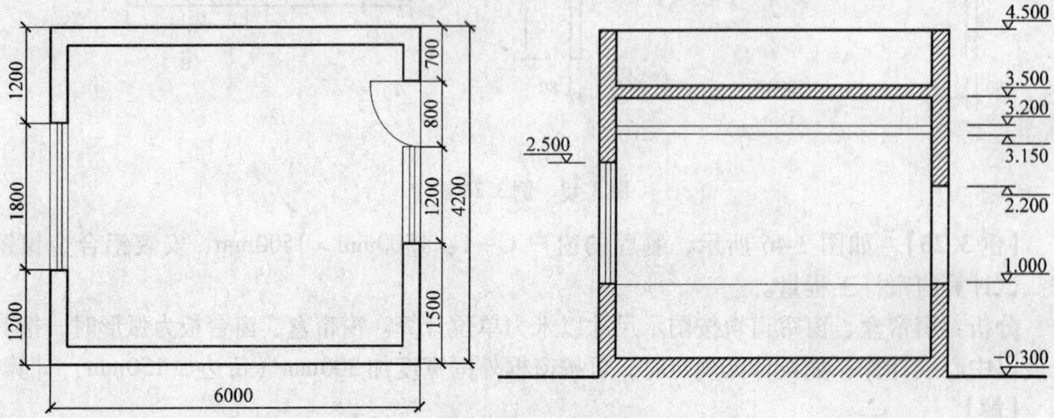

图3-49 例3.26图

漆工程量。(参照《全国统一建筑装饰装修工程消耗量定额》)

分析：抹灰面油漆按设计图示尺寸以面积计算。计算时，依据设计要求注意门窗洞口侧壁面积的增加；连窗门可按单面洞口面积计算，其油漆工程量按木门、窗定额工程量系数表计算。

【解】

外墙面真石漆工程量＝墙面工程量＋洞口侧面工程量

$=(6m+0.12m\times2+4.2m+0.12m\times2)\times2\times(4.5m+0.3m)-(0.8m\times2.2m+1.2m\times1.2m+1.8m\times1.5m)+(2.2m\times2+0.8m+1.2m\times2+1.8m\times2+1.5m\times2)\times(0.24m-0.08m)/2$

$=(6.24m+4.44m)\times2\times4.8m-(1.76m^2+1.44m^2+2.7m^2)+(7.6m+6.6m)\times0.08m$

$=102.53m^2-5.9m^2+1.14m^2$

$=97.77m^2$

门油漆工程量 $=0.8m\times2.2m\times1=1.76m^2$

窗油漆工程量 $=1.8m\times(2.5m-1m)+1.2m\times(2.2m-1m)$

$=2.7m^2+1.44m^2=4.14m^2$

【例3.27】 上例图3-49中，木墙裙高1000mm，上润油粉、刮腻子、油色、清漆四遍、磨退出亮；内墙抹灰面满刮腻子二遍，贴对花墙纸，挂镜线25mm×50mm，刷底油一遍、调和漆二遍，挂镜线以上及顶棚刷防瓷涂料二遍。试计算木墙裙油漆、墙纸裱糊、挂镜线油漆和防瓷涂料工程量。(参照《全国统一建筑装饰装修工程消耗量定额》)

分析:《全国统一建筑装饰装修工程消耗量定额》规定：木墙裙油漆按正立面投影面积以平方米为单位计算；墙纸裱糊工程量按展开面积以平方米为单位计算；挂镜线按延长米乘以系数0.35计算油漆工程量；顶棚防瓷涂料工程量按展开面积以平方米为单位计算。

【解】

木墙裙油漆的工程量＝内墙净长×木墙裙高度－门窗洞口面积＋洞口侧面面积

$=(6m-0.12m\times2+4.2m-0.12m\times2)\times2\times1m-0.8m\times1.0m+1.0m\times2\times(0.24m-0.08m)$

$=(5.7m+3.96m)\times2\times1m-0.8m^2+2m\times0.16m$

$=19.32m^2-0.8m^2+0.32m^2$

$=18.84m^2$

墙纸裱糊工程量＝内墙净长×裱糊高度－门窗洞口面积＋洞口侧面面积

$=(6m-0.12m\times2+4.2m-0.12m\times2)\times2\times(3.15m-1m)-(0.8m+1.2m)\times1.2m-1.8m\times1.5m+(1.5m+1.8m)\times2\times(0.24m-0.08m)/2+(1.2m\times4+0.8m)\times(0.24m-0.08m)/2$

$=(5.7m+3.96m)\times2\times2.25m-2m\times1.2m-1.8m\times1.5m+6.6m\times0.08m+5.2m\times0.08m$

$=41.74m^2-2.4m^2-2.7m^2+0.528m^2+0.448m^2$

$=39.62m^2$

挂镜线油漆工程量 $=(6m-0.12m\times2+4.2m-0.12m\times2)\times2\times0.35$

$=(5.76m+3.96m)\times2\times0.35$

$=6.80m$

$$
\begin{aligned}
\text{防瓷涂料工程量} &= \text{顶棚涂料工程量} + \text{墙面涂料工程量} \\
&= (6\text{m} - 0.12\text{m} \times 2) \times (4.2\text{m} - 0.12\text{m} \times 2) + (6\text{m} - 0.12\text{m} \times 2 + 4.2\text{m} - \\
&\quad 0.12\text{m} \times 2) \times 2 \times (3.5\text{m} - 3.2\text{m}) \\
&= 5.76\text{m} \times 3.96\text{m} + (5.76\text{m} + 3.96\text{m}) \times 2 \times 0.3\text{m} \\
&= 22.81\text{m}^2 + 9.72\text{m} \times 0.6\text{m} \\
&= 28.64\text{m}^2
\end{aligned}
$$

3.8 其他工程

其他工程分部主要包括柜类、货架、暖气罩、浴厕配件、压条、装饰线、雨盆、旗杆、招牌、灯箱、美术字等项目。

3.8.1 其他工程分部工程量计算规则

（1）招牌、灯箱

1）平面招牌基层按设计图示正立面面积以平方米为单位计算，复杂形的凹凸造型部分亦不增减。

2）沿雨篷、檐口或阳台走向的立式招牌基层，按平面招牌复杂型执行时，应按展开面积以平方米为单位计算。

3）箱体招牌和竖式标箱的基层，按外围体积计算，突出箱外的灯饰、店徽及其他艺术装潢等均另行计算。

4）灯箱的面层按展开面积以平方米为单位计算。

5）广告牌钢骨架以吨为单位计算。

（2）美术字安装按字的最大外围矩形面积以个为单位计算。

（3）压条、装饰线条均按延长米计算。

（4）暖气罩（包括脚的高度在内）按边框外围尺寸垂直投影面积计算。

（5）镜面玻璃安装、盥洗室木镜箱以正立面面积计算。

（6）塑料镜箱、毛巾环、肥皂盒、金属帘子杆、浴缸拉手、毛巾杆安装以只或副为单位计算。不锈钢旗杆按延长米计算。大理石洗漱台按台面投影面积计算（不扣除孔洞面积）。

（7）货架、柜橱类均以正立面的高（包括脚的高度在内）乘以宽以平方米为单位计算。

（8）收银台、试衣间等以个为单位计算，其他按延长米计算。

（9）拆除工程量按拆除面积或长度计算，执行相应子目。

3.8.2 其他工程分部工程量计算案例

【例 3.28】 某店面墙面的钢结构箱式招牌，尺寸为 12000mm × 2000mm × 200mm，五夹板衬板，铝塑板面层，钛金字 1500mm × 1500mm 的 6 个、150mm × 100mm 的 12 个。试计算招牌的基层、面层和美术字安装子目的工程量。（参照《全国统一建筑装饰装修工程消耗量定额》）

分析：箱式招牌是指六面体固定在墙面上。它有矩形和异形之分。矩形招牌是指正立面平整无凸面；异形招牌是指正立面有凹凸造型。

《全国统一建筑装饰装修工程消耗量定额》规定：箱体招牌的基层，按外围体积计算，其面层的工程量按展开面积计算。美术字安装按字的最大外围矩形面积以个为单位计算。定额规定按字的面积 $0.2m^2$ 以内、$0.5m^2$ 以内、$1.0m^2$ 以内、$1.0m^2$ 以外四类分别计算个数。

【解】

招牌钢结构基层工程量 $=12m\times2m\times0.2m=4.8m^3$

招牌五夹板、铝塑板面层的工程量 $=12m\times2m+12m\times0.2m\times2+2m\times0.2m\times2$

$=29.6m^2$

1500mm×1500mm 美术字工程量 = 6 个

150mm×100mm 美术字工程量 = 12 个

【例 3.29】 某卫生间洗漱台平面如图 3-50 所示，1500mm×1500mm 的车边镜，20mm 厚孔雀绿大理石台饰。试计算大理石洗漱台及装饰线工程量。

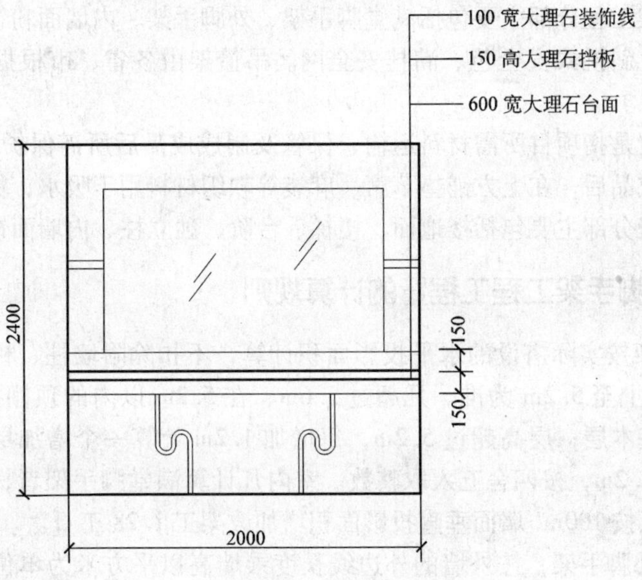

图 3-50　例 3.29 图

分析：大理石洗漱台按台面投影面积计算（不扣除孔洞面积）。装饰线按设计图示尺寸以长度计算。

【解】

洗漱台的工程量 = 台面投影面积

$=2m\times0.6m$

$=1.2m^2$

挂镜线工程量 $=2m-1.5m=0.5m$

【例 3.30】 某房间有附墙矮柜 3 个 1600mm×450mm×850mm，2 个 1200mm×400mm×800mm。试计算附墙矮柜制安工程量。（参照《全国统一建筑装饰装修工程消耗量定额》）

分析：《全国统一建筑装饰装修工程消耗量定额》规定：货架、柜橱类均以正立面的高

（包括脚的高度在内）乘以宽以平方米为单位计算。

【解】

1600mm×450mm×850mm 矮柜工程量 = 1.6m×0.85m×3

= 4.08m²

1200mm×400mm×800mm 矮柜工程量 = 1.2m×0.8m×2

= 1.92m²

3.9 装饰装修脚手架及项目成品保护费

脚手架按用途分为砌筑脚手架、装修用脚手架、支撑用脚手架；按搭设位置分为外脚手架、内脚手架；按材料划分为木脚手架、竹脚手架和金属脚手架；按结构形式划分有多立杆式、框组式、碗扣式、桥式、挂式、挑式及其他工具式脚手架；按高度划分为高层脚手架、低层脚手架。

装饰装修脚手架工程分部主要包括满堂脚手架、外脚手架、内墙面粉饰脚手架、安全过道、封闭式安全笆、斜挑式安全笆、满挂安全网。吊篮架由各省、市根据当地实际情况编制。

项目成品保护费是指项目所需材料运输、保管及制成成品后所需保护材料与人工费用。常见如大理石铺砌成品后，在上方铺垫草席、麻袋等软织材料用于吸水，保护成品作用。

项目成品保护费分部主要包括楼地面、楼梯、台阶、独立柱、内墙面饰面面层。

3.9.1 装饰装修脚手架工程工程量的计算规则

（1）满堂脚手架按实际搭设的水平投影面积计算，不扣除附墙柱、柱所占的面积。其基本层高以 3.6m 以上至 5.2m 为准。凡超过 3.6m、在 5.2m 以内的顶棚抹灰及装饰装修，应计算满堂脚手架基本层；层高超过 5.2m，每增加 1.2m 计算一个增加层，增加层的层数 =（层高 −5.2m）÷1.2m，按四舍五入取整数。室内凡计算满堂脚手架者，其内墙粉饰不再计算粉饰脚手架，只按 100m² 墙面垂直投影面积增加改架工 1.28 工日。

（2）装饰装修外脚手架，按外墙的外边线长度乘墙高以平方米为单位计算，不扣除门窗洞口的面积。同一建筑物各面墙的高度不同，且不在同一定额步距内时，应分别计算工程量。定额中所指的檐口高度 5~45m 以内，系指建筑物自设计室外地坪面至外墙顶点或构筑物顶面的高度。

（3）利用主体外脚手架改变其步高作外墙面装饰架时，按每 100m² 外墙面垂直投影面积，增加改架工 1.28 工日；独立柱按柱周长增加 3.6m 乘柱高，套用装饰装修外脚手架相应高度的定额。

（4）内墙面粉饰脚手架，均按内墙面垂直投影面积计算，不扣除门窗洞口的面积。

（5）安全过道按实际搭设的水平投影面积（架宽×架长）计算。

（6）封闭式安全笆按实际封闭的垂直投影面积计算。实际用封闭材料与定额不符时，不作调整。

（7）斜挑式安全笆按实际搭设的（长、宽）斜面面积计算。

（8）满挂安全网按实际满挂的垂直投影面积计算。

3.9.2 装饰装修脚手架工程工程量的计算实例

【例 3.31】 某室内顶棚装修面距设计室内地坪为 4.5m、室内进深为 7.2m，开间为 8m，计算顶棚装饰脚手架费用，如顶棚装修面距设计室内地坪为 3.6m，楞木距顶棚装饰面为 1.6m、2.5m，又怎么计算呢？（参照《全国统一建筑装饰装修工程消耗量定额》）

分析：满堂脚手架按实际搭设的水平投影面积计算，不扣除附墙柱、柱所占的面积。其基本层高以 3.6m 以上至 5.2m 为准。

$$满堂脚手架增加层=\frac{室内净高度-5.2\text{m}}{1.2\text{m}}=增加层$$

当顶棚装饰面距设计室内地坪高度不大于 3.6m（含 3.6m）时，计算楞木施工高度为 3.6m + 1.6m≤5.2m，故不用计算增加层；计算楞木施工高度为 3.6m + 2.5m = 6.1m > 5.2m，$满堂脚手架增加层=\frac{6.1\text{m}-5.2\text{m}}{1.2\text{m}}=\frac{0.9\text{m}}{1.2\text{m}}=0.75$，按四舍五入取整数，故算一个增加层。

《全国统一建筑装饰装修工程消耗量定额》规定：满堂脚手架按实际搭设的水平投影面积计算。

【解】

1）基本层：满堂脚手架工程量 = 进深 × 开间

$$= 7.2\text{m}\times 8\text{m} = 57.6\text{m}^2$$

2）顶棚装修面距设计室内地坪为 3.6m，楞木距顶棚装饰面为 1.6m 时，不用计算增加层。而当顶棚装修面距设计室内地坪为 3.6m，楞木距顶棚装饰面为 2.5m 时，计算一个增加层。

【例 3.32】 如图 3-51 所示，计算某建筑物外墙装饰外脚手架工程量。

分析：《全国统一建筑装饰装修工程消耗量定额》规定：装饰装修外脚手架，按外墙的外边线长度乘墙高以平方米为单位计算，不扣除门窗洞口的面积。同一建筑物各面墙的高度不同，且不在同一定额步距内时，应分别计算工程量。定额中所指的檐口高度 5～45m 以内，系指建筑物自设计室外地坪面至外墙顶点或构筑物顶面的高度。

【解】

（1）15m 高装饰外脚手架

$$S_{15} = (8\text{m} + 12\text{m}\times 2 + 26\text{m})\times 15\text{m}$$
$$= 58\text{m}\times 15\text{m}$$
$$= 870\text{m}^2$$

（2）24m 高装饰外脚手架

$$S_{24} = (18\text{m}\times 2\text{m} + 32\text{m})\times 24\text{m}$$
$$= 68\text{m}\times 24\text{m}$$
$$= 1632\text{m}^2$$

（3）45m 高装饰外脚手架

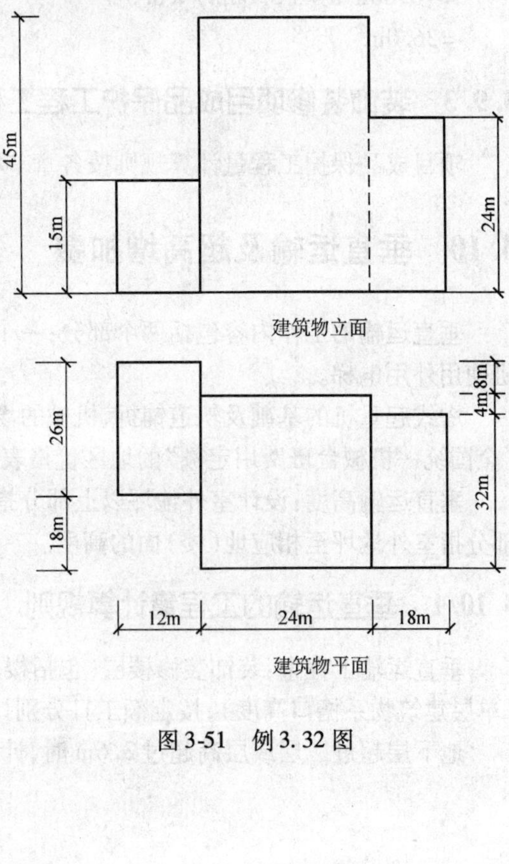

图 3-51 例 3.32 图

$$
\begin{aligned}
S_{45} &= (18\text{m} + 24\text{m} \times 2 + 4\text{m}) \times 45\text{m} \\
&= 70\text{m} \times 15\text{m} \\
&= 3150\text{m}^2
\end{aligned}
$$

（4）30m 高装饰外脚手架

$$
\begin{aligned}
S_{30} &= (26\text{m} - 8\text{m}) \times (45\text{m} - 15\text{m}) \\
&= 18\text{m} \times 30\text{m} \\
&= 540\text{m}^2
\end{aligned}
$$

（5）21m 高装饰外脚手架

$$
\begin{aligned}
S_{21} &= 32\text{m} \times (45\text{m} - 24\text{m}) \\
&= 32\text{m} \times 21\text{m} \\
&= 672\text{m}^2
\end{aligned}
$$

【例 3.33】 如图 3-52 所示，某钢筋混凝土柱面贴大理石，柱断面尺寸为 600mm × 600mm，柱高为 6.0m，试计算装饰柱脚手架工程量。

分析：《全国统一建筑装饰装修工程消耗量定额》规定：独立柱按柱周长增加 3.6m 乘柱高，套用装饰装修外脚手架相应高度的定额。

【解】

装饰柱脚手架工程量

=（柱外围周长 +3.6m）× 柱高

=（0.60m ×4 +3.60m）×6.0m

$= 36.0\text{m}^2$

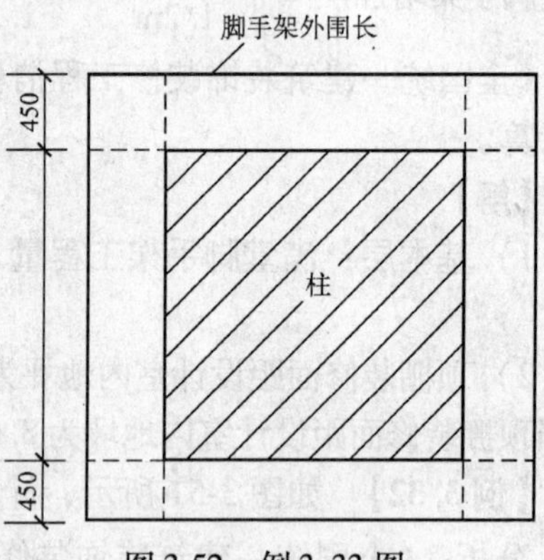

图 3-52 例 3.33 图

3.9.3 装饰装修项目成品保护工程工程量计算规则

项目成品保护工程量计算规则按各章节相应子目规则执行。

3.10 垂直运输及超高增加费

垂直运输的工作内容包括两个部分：一个是指各种材料的垂直运输，另一个是指施工上下班使用外用电梯。

塔式起重机的基础及轨道铺拆、机械的场外往返运输、一次安拆及路基铺垫等的费用应按“全国统一机械台班费用定额”的地区价格表计算。

垂直运输高度：设计室外地坪以上部分指室外地坪至相应楼面的高度，设计室外地坪以下部分指室外地坪至相应地（楼）面的高度。

3.10.1 垂直运输的工程量计算规则

垂直运输工程量：装饰装修楼层（包括楼层所有装饰装修工程量）区别不同垂直运输高度（单层建筑物系檐口高度），按定额工日分别计算。

地下层超过二层或层高超过 3.6m 时，计取垂直运输费，其工程量按地下层全面积计算。

3.10.2 垂直运输的工程量计算实例

【例3.34】 某酒店主楼设计9层，层高为3m，群楼设计为3层，层高为4.5m。设计室外地坪至天沟底的高度为20.8m。施工的垂直运输采用单筒5T的卷扬机及单笼的施工电梯。根据施工图纸计算该工程需人工工日数为16 349.65（工日），试计算垂直运输的工程量。

分析：《全国统一建筑装饰装修工程消耗量定额》规定：装饰装修楼层（包括楼层所有装饰装修工程量）区别不同垂直运输高度（单层建筑物系檐口高度），按定额工日分别计算。

【解】

已知人工工日数=16349.65工日，

依题意，檐高 H=20.8m 查《全国统一建筑装饰装修工程消耗量定额》8-003子目，

其垂直运输的工程量=1.62台班×2×16349.65工日/100工日

=529.73台班。

3.10.3 超高增加费的工程量计算规则

超高增加费工程量：装饰装修楼面（包括楼层所有装饰装修工程量）区别不同的垂直运输高度（单层建筑物系槽口高度），按人工费与机械费之和以元为单位分别计算。

3.10.4 超高增加费的工程量计算实例

【例3.35】 某建筑物外墙干挂天然石材的施工，已知某檐口总高度为23.8m，层高均小于3.3m，建筑面积为3218m^2，算出其总的定额直接工程费为4370477.54元，其中人工费为534760.36元、材料费为3601555.23元、机械费为54871.23元，试计算其超高费。

分析：《全国统一建筑装饰装修工程消耗量定额》规定：装饰装修楼面（包括楼层所有装饰装修工程量）区别不同的垂直运输高度（单层建筑物系槽口高度），按人工费与机械费之和以元为单位分别计算。

【解】 人工费+机械费=534760.36元+54871.23元

=589631.6元

依题意，檐高 H=23.8m，查《消耗量定额》8-024子目，

其超高增加费=9.35元×589631.6元/100元

=55130.55元。

本章小结

工程量计算是编制装饰工程预算的重要环节。学习者应正确理解工程量的计算规则，按照一定的计算顺序和方法准确计算工程量，防止错算、漏算和重算。

建筑面积是指房屋建筑各层按规则要求计算的水平面积相加后的总面积，包括使用面积、辅助面积和结构面积三部分。学习者要正确理解《建筑工程建筑面积计算范围》中计算建筑面积和不计算建筑面积的范围，能准确计算建筑面积。

建筑装饰工程各分部的工程量计算，是建筑装饰工程预算的前提和基础。学习者要熟悉

《全国统一建筑装饰装修工程消耗量定额》的分部分项项目划分，熟练掌握各分部的工程量计算规则，会准确计算装饰工程分部工程的工程量。

复习思考题

1. 简述工程量计算的注意事项。
2. 简述多层建筑物计算建筑面积的规则。
3. 建筑物阳台的建筑面积如何计算?
4. 简述不计算建筑面积的范围。
5. 简述楼地面面层的工程量计算规则。
6. 简述外墙面装饰抹灰工程量计算规则。
7. 柱抹灰和柱饰面的工程量计算规则有何不同?
8. 顶棚吊顶龙骨的工程量和顶棚面层的工程量计算规则有何不同?
9. 简述门窗工程的工程量计算规则。
10. 简述油漆、涂料、裱糊工程的工程量计算规则。
11. 简述其他工程的工程量计算规则。

第 4 章　建筑装饰工程费用与装饰工程预算编制

学习目标：

1. 掌握建筑装饰工程费用的组成及其内容。

2. 掌握建筑装饰工程费用计算程序的含义和地区计费程序表的形式，能按地区计费程序要求计算装饰工程总造价。

3. 掌握建筑装饰工程预算书的内容组成、编制依据和编制步骤，能结合工程实际编制装饰工程预算。

学习重点：

1. 建筑装饰工程费用的组成及其内容的含义。

2. 地区计费程序表中的费用含义和费用计算顺序。

3. 建筑装饰工程预算书的内容组成、编制依据和编制步骤。

学习建议：

1. 学习装饰工程费用和计算程序时，应结合当地的计价办法进行。

2. 学习装饰工程预算编制时，应结合当地的定额和工程实际进行。

4.1　建筑装饰工程费用的组成及其内容

为了生产建筑装饰工程产品，需投入大量的人力、材料以及机械、机具。这就意味着在此生产过程中不仅要发生装饰材料和装饰机械与机具的价值转移，同时还要发生体力和脑力价值的转移，并为社会创造新价值。这些价值都应该在装饰工程的费用中体现出来。

4.1.1　建筑装饰工程费用的组成

根据中华人民共和国建设部及财政部 2003 年 10 月 15 日联合颁发的《建筑安装工程费用项目组成》（建标［2003］206 号）文件的规定，我国现行建筑安装工程费用由直接费、间接费、利润和税金四部分组成。建筑装饰工程费用也同样由这四部分组成，具体费用项目组成如图 4-1 所示。

4.1.2　建筑装饰工程费用的内容

4.1.2.1　直接费

直接费由直接工程费和措施费组成。

1. 直接工程费　指施工过程中耗费的构成工程实体的各项费用，包括人工费、材料费、施工机械使用费。

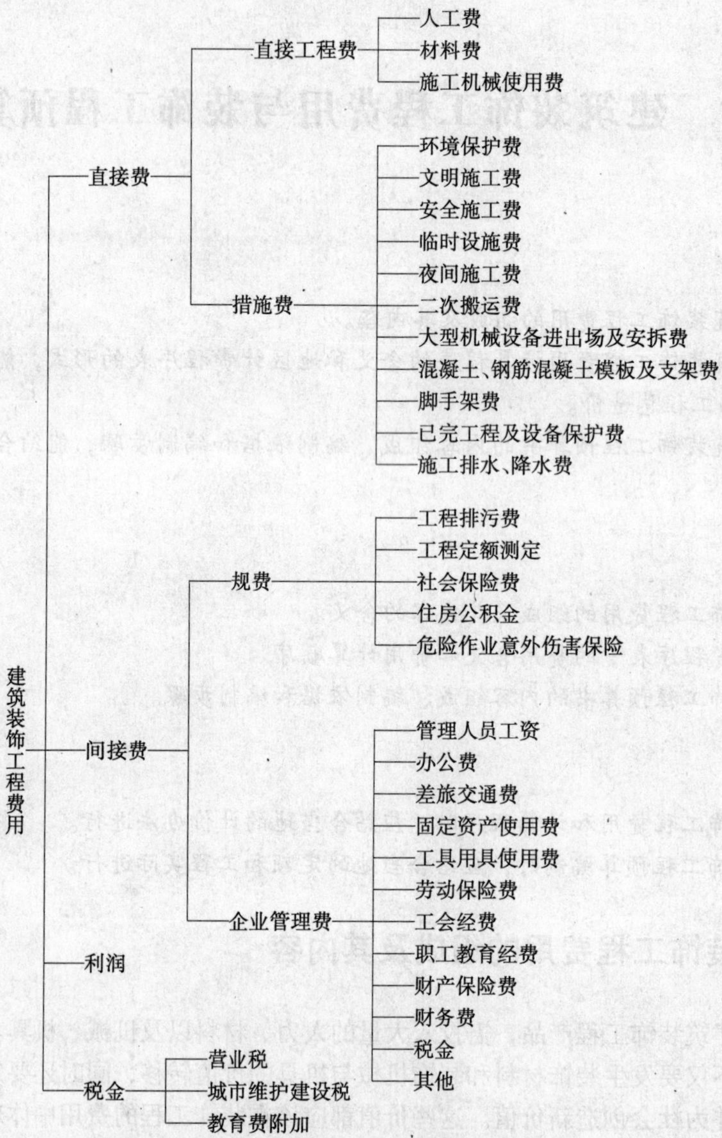

图 4-1 建筑装饰工程费用构成示意

（1）人工费：指直接从事建筑安装工程施工的生产工人开支的各项费用，内容包括：

1）基本工资：指发放给生产工人的基本工资。

2）工资性补贴：指按规定标准发放的物价补贴，煤、燃气补贴，交通补贴，住房补贴，流动施工津贴等。

3）生产工人辅助工资：指生产工人年有效施工天数以外、非作业天数的工资，包括职工学习、培训期间的工资，调动工作、探亲、休假期间的工资，因气候影响的停工工资，女工哺乳时间的工资，病假在6个月以内的工资及产、婚、丧假期的工资。

4）职工福利费：指按规定标准计提的职工福利费。

5）生产工人劳动保护费：指按规定标准发放的劳动保护用品的购置费及修理费、徒工服装补贴、防暑降温费、在有碍身体健康环境中施工的保健费用等。

（2）材料费：指施工过程中耗费的构成工程实体的原材料、辅助材料、构配件、零件、半成品的费用。

(3) 施工机械使用费：指施工机械作业所发生的机械使用费，以及机械安拆费和场外运费。

2. 措施费 指为完成工程项目施工，发生于该工程施工前和施工过程中非工程实体项目的费用。包括：

(1) 环境保护费：指施工现场为达到环保部门要求所需要的各项费用。

(2) 文明施工费：指施工现场文明施工所需要的各项费用。

(3) 安全施工费：指施工现场安全施工所需要的各项费用。

(4) 临时设施费：指施工企业为进行建筑工程施工所必须搭设的生活和生产用的临时建筑物、构筑物和其他临时设施费用等。

临时设施包括：临时宿舍，文化福利及公用事业房屋与构筑物，仓库、办公室、加工厂以及规定范围内道路、水、电、管线等临时设施和小型临时设施。

临时设施费用包括：临时设施的搭设、维修、拆除费或摊销费。

(5) 夜间施工费：指因夜间施工所发生的夜班补助、夜间施工降效、夜间施工照明设备摊销及照明用电等费用。

(6) 二次搬运费：指因施工场地狭小等特殊情况而发生的二次搬运费用。

(7) 大型机械设备进出场及安拆费：指机械整体或分体自停放场地运至施工现场或由一个施工地点运至另一个施工地点，所发生的机械进出场运输及转移费用及机械在施工现场进行安装、拆卸所需的人工费、材料费、机械费、试运转费和安装所需的辅助设施的费用。

(8) 混凝土、钢筋混凝土模板及支架费：指混凝土施工过程中需要的各种钢模板、木模板、支架等的支、拆、运输费用及模板、支架的摊销（或租赁）费用。

(9) 脚手架费：指施工需要的各种脚手架搭、拆、运输费用及脚手架的摊销（或租赁）费用。

(10) 已完工程及设备保护费：指竣工验收前，对已完工程及设备进行保护所需费用。

(11) 施工排水、降水费：指为确保工程在正常条件下施工，采取各种排水、降水措施所发生的各种费用。

4.1.2.2 间接费

间接费由规费、企业管理费组成。

1. 规费 指政府和有关权力部门规定必须缴纳的费用（简称规费）。包括：

(1) 工程排污费：指施工现场按规定缴纳的工程排污费。

(2) 工程定额测定费：指按规定支付工程造价（定额）管理部门的定额测定费。

(3) 社会保障费

1) 养老保险费：指企业按规定标准为职工缴纳的基本养老保险费。

2) 失业保险费：指企业按照国家规定标准为职工缴纳的失业保险费。

3) 医疗保险费：指企业按照规定标准为职工缴纳的基本医疗保险费。

(4) 住房公积金：指企业按规定标准为职工缴纳的住房公积金。

(5) 危险作业意外伤害保险：指按照建筑法规定，企业为从事危险作业的建筑安装施工人员支付的意外伤害保险费。

2. 企业管理费 指建筑安装企业组织施工生产和经营管理所需费用。包括：

(1) 管理人员工资：指管理人员的基本工资、工资性补贴、职工福利费、劳动保护费等。

(2) 办公费：指企业管理办公用的文具、纸张、帐表、印刷、邮电、书报、会议、水电、烧水和集体取暖（包括现场临时宿舍取暖）用煤等费用。

(3) 差旅交通费：指职工因公出差及调动工作的差旅费、住勤补助费，市内交通费和误餐补助费，职工探亲路费，劳动力招募费，职工离退休、退职一次性路费，工伤人员就医路费，工地转移费以及管理部门使用的交通工具的油料、燃料、养路费及牌照费。

(4) 固定资产使用费：指管理和试验部门及附属生产单位使用的属于固定资产的房屋、设备仪器等的折旧、大修、维修或租赁费。

(5) 工具用具使用费：指管理使用的不属于固定资产的生产工具、器具、家具、交通工具和检验、试验、测绘、消防用具等的购置、维修和摊销费。

(6) 劳动保险费：指由企业支付离退休职工的易地安家补助费、职工退职金、6个月以上的病假人员工资、职工死亡丧葬补助费、抚恤费、按规定支付给离休干部的各项经费。

(7) 工会经费：指企业按职工工资总额计提的工会经费。

(8) 职工教育经费：指企业为职工学习先进技术和提高文化水平，按职工工资总额计提的费用。

(9) 财产保险费：指施工管理用财产、车辆保险。

(10) 财务费：指企业为筹集资金而发生的各种费用。

(11) 税金：指企业按规定缴纳的房产税、车船使用税、土地使用税、印花税等。

(12) 其他：包括技术转让费、技术开发费、业务招待费、绿化费、广告费、公证费、法律顾问费、审计费、咨询费等。

4.1.2.3 利润

利润是指施工企业完成所承包工程获得的盈利。

4.1.2.4 税金

税金是指国家税法规定的应计入建筑安装工程造价内的营业税、城市维护建设税及教育费附加等。

1. 营业税 指国家依据税法，对从事商业、交通运输业和各种服务业的单位和个人，按营业额收征的一种税。

2. 城市维护建设税 指为加强城市维护建设，增加和扩大城市维护建设基金的来源，按营业税实交税额的一定比例征收，专用于城市维护建设的一种税。

3. 教育费附加 指为加快发展地方教育事业，扩大地方教育经费来源，按实交营业税的一定比例征收，专用于改善地方中小学办学条件的一种费用。

4.2 建筑装饰工程费用计算程序

4.2.1 建筑装饰工程费用计算程序

目前，我国各省、市、自治区在计算装饰工程造价时，一般都由各地工程造价主管部门结合本地区的实际情况，制定本地区的建筑装饰工程造价的费用组成、费用标准及计费程序。所谓建筑装饰工程计费程序是指确定建筑装饰工程各项费用的有规律的计算顺序。不过尽管各地的计算装饰工程造价的方法和顺序各有差异，但本质上的费用还是由上述四块内容（即直接费、间接费、利润和税金）组成。下面就广州市建筑装饰工程造价计算程序作一介绍。

根据《广东省装饰装修工程计价办法（2006 年）》、《广东省装饰装修工程综合定额（2006 年）》的有关规定，广州市工程造价管理部门制定了广州地区装饰装修工程定额计价程序表，具体见表 4-1。

4.2.2 建筑装饰工程费用计算说明

4.2.2.1 注意事项

在应用广州地区装饰装修工程定额计价程序计算装饰工程造价时，应注意以下事项：

1. 适用范围 该计价程序只适用于在广州地区单独承包的装饰装修工程，应与《广东省装饰装修工程计价办法（2006 年）》、《广东省装饰装修工程综合定额（2006 年）》一起配套使用。建筑企业承担连同主体一起施工的装饰任务时，不能使用该计价程序，而应随同建筑工程一起执行广州地区建筑工程定额计价程序。装饰工程中的水、电等安装执行广东省安装工程综合定额及相应的计价程序。

2. 费率标准确定的方法 计算管理费时要按《广东省装饰装修工程综合定额（2006 年）》划分的地区类别取费。如广州就属于一类地区。利润率可由承包商根据企业自主情况确定。

3. 费用的含义 在 4-1 表中出现的“子目基价”是指为完成广东省装饰装修工程综合定额中的分部分项工程项目中所需的人工费、材料费、机械费与管理费之和。从中可以发现广东省将直接工程费、管理费和利润合到一起纳入到分部分项工程费中，而没有出现直接费。表 4-1 中序号 3 其他项目费根据拟建工程具体情况列项计算。通常是由预留金、材料的购置费、总承包服务费、零星工作项目费等组成。广州地区的计价程序中出现其他项目费这一大费用，实际上是参考装饰工程清单计价模式下装饰工程费用的组成而列出的。预留金、材料的购置费、总承包服务费、零星工作项目费的含义及计算方法在下章中会有详细的介绍。

表 4-1 广州地区装饰装修工程定额计价程序

序号	费用名称	计算基础	费 率
1	分部分项工程费	1.1 + 1.2 + 1.3	
1.1	定额分部分项工程费	Σ(工程量 × 子目基价)	
1.1.1	定额人工费		
1.2	价差	1.2.1 + 1.2.2 + 1.2.3	
1.2.1	人工价差		抽工日计算
1.2.2	材料价差		抽材料计算
1.2.3	机械价差		抽台班计算
1.3	利润	(1.1.1 + 1.2.1) × %	20 ~ 35
2	措施项目费	2.1 + 2.2	
2.1	安全防护、文明施工措施项目费	2.1.1 + 2.1.2 + 2.1.3 + 2.1.4	
2.1.1	按定额子目计算措施项目费		
2.1.1.1	定额人工费		
2.1.2	价差	2.1.2.1 + 2.1.2.2 + 2.1.2.3	
2.1.2.1	人工价差		抽工日计算

（续）

序号	费用名称	计算基础	费 率
2.1.2.2	材料价差		抽材料计算
2.1.2.3	机械价差		抽台班计算
2.1.3	利润	(2.1.1.1+2.1.2.1)×%	20~35
2.1.4	按系数计算措施项目费	1×%	2.5
2.2	其他措施项目费	2.2.1+2.2.2+2.2.3+2.2.4	
2.2.1	按定额子目计算措施项目费		
2.2.1.1	定额人工费		
2.2.2	价差	2.2.2.1+2.2.2.2+2.2.2.3	
2.2.2.1	人工价差		抽工日计算
2.2.2.2	材料价差		抽材料计算
2.2.2.3	机械价差		抽台班计算
2.2.3	利润	(2.2.1.1+2.2.2.1)×%	20~35
2.2.4	措施其他项目费	2.2.4.1+2.2.4.2+2.2.4.3+2.2.4.4	
2.2.4.1	工程保险费	1×%	0.02~0.04
2.2.4.2	工程保修费	1×%	0.1
2.2.4.3	预算包干费	1×%	0~2
2.2.4.4	其他费用		按实际发生或经批准的施工组织方案计算
3	其他项目费		按承发包双方约定
4	规费	4.1+4.2+4.3	
4.1	社会保险费	(1+2+3)×%	3.31
4.2	住房公积金	(1+2+3)×%	1.28
4.3	工程定额测定费	(1+2+3)×%	0.10
5	不含税工程造价	1+2+3+4	
6	堤围防护费与税金	5×%	按税务部门有关规定计算
7	含税工程造价	5+6	

注：1. 本计费表只适用于单独承包的建筑物装饰装修工程（2006年4月1日起执行）。

2. 赶工措施费按规定，如有发生时可按《广东省装饰装修工程综合定额（2006）》第769页17.0.3条计算。

3. 预算包干费一般包括的内容是：施工雨水的排除；因地形影响造成的场内料具二次运输；20m高以下的工程用水加压措施；施工材料堆放场的整理；水电安装后的补洞工料费；施工中的临时停水停电；日间照明施工增加费（不包括地下室和特殊工程）等。

4. 关于建设工程材料进场检验费 在编制设计概算、施工图预算时，可按分部分项工程费与措施项目费之和乘以0.3%进行参考计算，列入其他项目费中；在编制竣工结算、工程造价鉴定时，应按实际发生费用计算，列入其他项目费中；招投标工程应将建筑材料进场检验要求列入招标文件，材料进场检验费由施工单位参考以上标准在投标报价时综合考虑。

4.2.2.2 建筑装饰工程费用计算实例

【例4.1】 已知某办公楼装修工程的定额分部分项工程费为800 000元（其中定额人工费为200 000元），价差为100 000元（其中人工价差为20 000元），综合脚手架等按定额子目计算的文明、安全施工措施费为80 000元（含该类项目的价差和利润），其他按定额子目计算的措施项目费为20 000元（含该类项目的价差和利润），预留金为30 000元（无零星工程费、总承包服务等其他费用），利润率为35%，堤围防护费费率为0.13%，税金率为

3.41%。要求按广州地区定额计价程序计算该装饰工程的造价。

【解】 根据题意，按表4-1的计价顺序计算如下：

（1）分部分项工程费：

分部分项工程费 = 定额分部分项工程费 + 价差 + 利润
= 800000元 + 100000元 + (200000元 + 20000元) × 35%
= 977000元

（2）措施项目费：

措施项目费 = 安全防护、文明施工措施费 + 其他措施项目费

其中：

安全防护、文明施工措施费 = 按定额子目计算的措施项目费 + 价差 + 利润 + 按系数计算的措施项目费
= 80000元 + 977000元 × 2.5%
= 104425元

其他措施项目费 = 按定额子目计算的措施项目费 + 价差 + 利润 + 其他措施项目费
= 按定额子目计算的措施项目费 + 价差 + 利润 + 工程保险费 + 工程保修费 + 预算包干费
= 20000元 + 977000元 × (0.04% + 0.1% + 2%)
= 20000元 + 977000元 × 2.14%
= 40907.8元

那么：

措施项目费 = 安全防护、文明施工措施费 + 其他措施项目费
= 104425元 + 40907.8元
= 145332.8元

（3）其他项目费：

其他项目费 = 预留金 + 总承包服务费 + 零星工作项目费 + 其他费用
= 30000元 + 0元 + 0元 + 0元
= 30000元

（4）规费：

规费 = 社会保险费 + 住房公积金 + 工程定额测定费
= (分部分项工程费 + 措施项目费 + 其他项目费) × (3.31 + 1.28 + 0.1)%
= (977 000元 + 145332.8元 + 30000元) × 4.69%
= 1152332.8元 × 4.69%
= 54044.41元

（5）不含税工程造价：

不含税工程造价 = 分部分项工程费 + 措施费 + 其他项目费 + 规费
= 977000元 + 145332.8元 + 30000元 + 54044.41元
= 1206377.21元

（6）堤围防护费和税金：

税金 = 不含税工程造价 ×（堤围防护费费率 + 税金率）

= 1206377.21 元 ×（0.13% + 3.41%）

= 42705.75 元

（7）含税工程造价：

含税工程造价 = 不含税工程造价 + 税金

= 1206377.21 元 + 42705.75 元

= 1249082.96 元。

4.3 建筑装饰工程预算编制

建筑装饰装修工程预算是根据建筑装饰施工图以及有关的标准图、现行装饰工程预算定额或单位估价表，以及招标文件或工程承包合同、施工组织设计或施工方案、有关的计价文件、当地当时的装饰材料单价等预先计算和编制确定装饰装修工程所需要的全部预算造价的经济文件。在装饰装修工程实践中，人们常将建筑装饰装修工程施工图预算称为建筑装饰装修工程预算。本节主要介绍定额计价模式下建筑装饰工程预算的编制。

4.3.1 建筑装饰工程预算书的组成内容

建筑装饰装修工程预算书一般由下列内容组成：

1. 封面 一般应有工程名称、建设单位名称、施工单位名称、工程造价、单方造价、编制单位、编制人、负责人、编制时间等内容，见表4-3。

2. 编制说明 主要说明所编预算在预算表中无法表达而又需要相关单位人员必须了解的内容。编制说明填写实例，见表4-4。

3. 单位工程总价表 通常是指根据当地的装饰工程计价程序计算构成装饰工程造价的各项费用及装饰工程总造价，见表4-5。

4. 分部分项工程计价表 指定额分部分项工程费汇总表。其中包括定额编号、各分部分项工程名称、工程数量、单位基价、各分部分项工程合价等，见表4-6。

5. 措施项目费汇总表 主要反映措施项目费用的名称、数量、单价及合价，见表4-7。

6. 其他项目费汇总表 主要反映其他项目费的名称及合价，见表4-8。

7. 规费计算表 主要反映规费的名称、计算式、费率和金额，见表4-9。

8. 价差表 反映人工材料机械价差情况，见表4-10。

9. 补充子目单位估价表 针对定额中缺项，反映补充项目的基价以及人工材料机械消耗量及其单价等有关主要数据。

10. 工料机汇总表 反映装饰工程的人工、材料和机械台班的消耗总量，见表4-11。

11. 工程量计算表 该表格要根据工程具体情况和要求，纳入装饰工程预算书中。

4.3.2 建筑装饰工程预算的编制依据

1. 装饰工程施工图、会审记录等设计资料 建筑装饰工程施工图是经过有关方面批准认可的合法图纸。施工图包括设计说明、平面图、立面图、剖面图和节点详图，有些项目还附有效果图以及施工图所涉及到的标准图集等。图中对装饰工程施工内容、构造做法、材料品种及其颜色、质量要求等有明确表达。装饰施工图是装饰工程预算最根本的依据。

图纸会审是由建设单位、设计单位、施工单位和监理单位等一起参与的将施工图中的错误、遗漏、矛盾等问题找出来，并解决这些问题的过程。图纸会审记录是装饰施工图的补充，也是装饰工程预算的重要依据。

2. 建筑装饰工程施工组织设计　它是确定单位工程施工方案、施工方法、主要技术组织措施、以及施工现场平面布置等内容的技术文件。在装饰工程预算中，它是确定措施项目费最重要的依据。

3. 预算定额或单位估价表　它是编制装饰工程预算必不可少的基本依据之一。从划分装饰工程分部分项项目到计算工程量都必须以此为标准。

4. 当地的计价依据和取费标准　它是合理确定装饰工程预算费用组成和计算程序的重要依据。

5. 建筑装饰材料价格信息　它是准确计算材料费的依据。

6. 装饰工程施工合同　它是确定工程价款支付方式、材料供应方式以及有关费用计算的计算方法的依据。

4.3.3 建筑装饰工程预算的编制步骤

建筑装饰工程预算的编制步骤根据其预算编制方法的不同而有所不同。目前，装饰工程预算编制的方法有单价法和实物法。

4.3.3.1 单价法

单价法是根据施工图样并结合当地的预算定额项目划分原则进行列项，然后计算出各分项工程量，再套用预算定额或单位估价表计算各分项工程定额的直接费，汇总为单位工程的直接费，然后以此为基数，按地区的费用定额计算间接费、利润、税金，最后汇总为该工程的预算造价，编制步骤如图 4-2 所示。

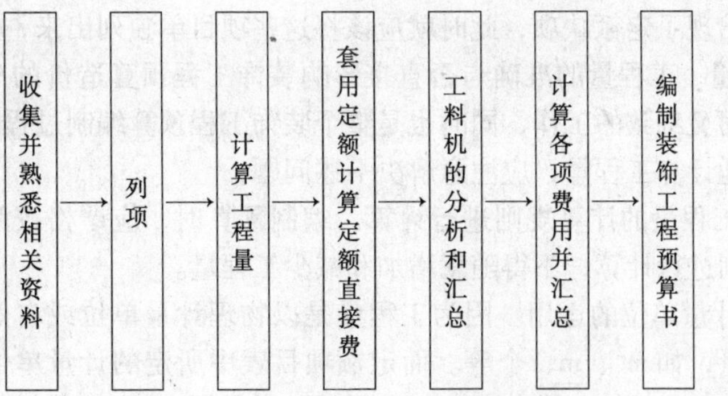

图 4-2　单价法编制装饰工程预算的步骤

1. 收集并熟悉相关的基础资料　首先要收集上述六种编制装饰工程预算的依据，然后主要做好以下熟悉资料的工作：

（1）熟悉装饰施工图等与设计有关的资料。预算人员在编制预算之前，应充分、全面地熟悉施工图样等与设计有关的资料，了解设计意图，掌握工程全貌。只有在对设计全部图样非常熟悉的基础下，才能结合预算定额项目的划分准确无误地对工程项目进行划分，从而保证既不漏项，又不重复列项，继而保证预算计算的准确性。

熟悉施工图，要先面后点、先粗后细、先整体后局部。阅读施工图时也可以按楼地面、墙柱面、顶棚、门窗等各分部内容进行。要仔细了解各分项工程的构造、尺寸、规定的材料品种与规格。注意对照比较图纸规定的分部分项工程项目与定额项目的内容是否一致，是否采用新材料、新工艺导致定额缺项需要补充定额等，并及时做好记录，为精确计算工程量、正确套用定额项目奠定基础。

（2）熟悉施工组织设计。在编制装饰工程预算前，一定要认真熟悉并注意施工组织设计中影响预算造价的内容，例如施工方法、施工机具、脚手架的搭设方式、材料垂直运输方式、安全、文明施工、环境保证措施等。要严格按施工组织所确定的施工方法和技术组织措施正确计算措施项目费，确保装饰工程预算的准确性。

（3）熟悉现行预算定额和取费标准。熟悉定额时，首先应浏览目录，从中了解定额分部分项工程项目的划分方法、定额编排的顺序。其次应认真阅读和理解定额的总说明、分部说明。通常在这些说明中会指出定额的适用范围、已经考虑和未考虑的因素以及定额换算的原则和方法等，是正确套用定额的先决条件。当然，最应熟悉还有定额的项目表。要理解定额项目表各项目所包含的工作内容，定额子目基价的费用组成、适用条件，保证不遗漏、不重复计算分部分项工程费用。

由于各地区的取费标准有所不同，因此编制装饰工程预算一定要熟悉当地的取费标准，严格按当地的计价程序和费率标准进行计算。

此外，还应及时掌握装饰工程材料的动态价格、工程合同的有关造价方面的规定等，这些均对装饰工程的造价有所影响。

2. 列项 准确列出分部分项工程项目。在熟悉编制依据的基础上，结合预算定额分项工程的划分准确无误地列出全部分项工程项目，是保证工程量计算中不出现漏项和重复计算的重要环节。在列项过程中，一般列出的分项工程有3类：其一为直接套用项目，即设计内容与预算定额内容吻合又无需换算的项目；其二为换算项目，即设计内容与定额内容不完全一致，按定额要求需进行换算的项目；其三为设计中采用了新材料、新工艺，定额中无相应的项目可用，即出现了定额缺项，此时就应该将这些项目单独列出来，以便编制补充定额。

3. 计算工程量 工程量的准确与否直接影响装饰工程预算造价的准确性。但工程量的计算是一项繁琐而又细致的工作，同时也是整个装饰工程预算编制过程中最耗时的工作。为了及时而又准确地计算工程量，应注意解决下述问题：

（1）严格按工程量的计算规则进行计算。编制预算时，应严格按照预算定额各章节中的工程量计算规则进行计算，不得随意增加和减少工程量。

（2）要注意计量单位的运用。因为工程量是以物理计量单位或自然计量单位表示的具体分项工程的数量，如m^2、m、个等。而定额项目表中所定的计量单位往往是扩大的计量单位，如$100m^2$、10m、10个等。因此，工程量的计算结果还要按定额的计量单位进行调整，使计算出来的工程量的计量单位与预算定额的保持一致。如大理石地面的工程量为$50m^2$，定额计量单位为$100m^2$，则将工程量换算为$0.5\times(100m^2)$。

（3）具体计算工程量时可按照第三章介绍的合理顺序逐步进行，通常填在专用的工程量计算表中，以便加快计算速度和保证计算的准确性。

4. 套用预算定额，计算定额直接费 将上述工程量，按照定额编号逐一与定额表中的基价相乘求积，即为该分项工程项目定额的直接费，并汇总得到单位工程直接费。当然，套用时对于要换算的子目应先进行换算，要补充定额的项目也应事先补充编制后再套用。

5. 工料机分析和汇总 在计算定额直接费的同时，按同样的原理和方法可以分析出各个项目所需的人工、材料和机械台班消耗的数量，即进行工料机的分析，然后按不同类型和规格进行汇总。进行工料机分析和汇总的目的，从预算角度来讲是为了进行价差的调整。

6. 计算组成预算造价的各项费用 单位工程直接费确定后就可以按照各地区的计费程序和合同规定的费率标准计算其他各项费用，包括价差的调整，最终确定装饰工程预算总造价。

7. 编制装饰工程预算书 主要完成工程预算封面，编写编制说明，将组成装饰工程预算书的相关内容按照一定顺序装订成册，形成一份完整的工程预算书，最后送有关部门审核。

4.3.3.2 实物法

实物法是根据施工图样计算出各分项工程量，利用预算定额中人工、材料、机械台班消耗量计算各分项工程所需的工料机数量，汇总为单位工程所需的工料机数量，然后乘以当时当地的工料机单价，汇总即为该工程直接费；以此直接费为基数计算该工程间接费、利润、税金等，汇总即为该工程预算造价，编制步骤如图 4-3 所示。

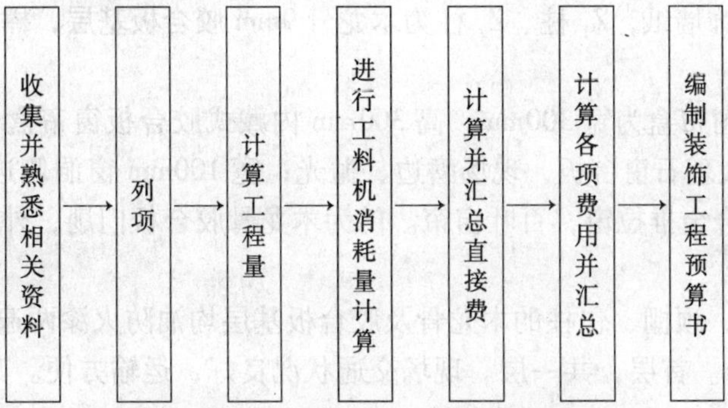

图 4-3 实物法编制装饰工程预算的步骤

4.3.3.3 实物法与单价法的不同之处

1. 计算直接费的方法不同 单价法是先用分项工程的工程量和预算基价计算分项工程的直接费，经汇总得到单位工程直接费。采用这种方法计算直接费较简便，便于不同工程之间进行比较。实物法是先计算单位工程所需的各种工料机数量，乘以工料机单价，汇总为直接费。单位工程所用的工种多、材料品种规格复杂、机械设备型号不一，因此采用实物法计算单位工程所需的各种工料机用量较繁琐，工料机单价为市场价格，因此其工程造价能动态地反映建筑产品价格，符合价值规律。

2. 进行工料分析的目的不同 单价法在直接费计算后进行工料分析，目的是为价差调整提供数据。有些地区或某些单位工程只对主要材料进行价差调整，因此工料分析也只分析主要材料的用量。实物法在计算直接费之前进行工料分析，主要是为了计算单位工程的直接费。为了保证单位工程直接费的准确、完整，工料分析必须计算单位工程所需的全部工料机用量。

4.4 建筑装饰工程预算编制实例

下面通过某市某公司经理办公室的装饰装修工程预算编制实例来说明在定额计价方式下采用单价法计算装饰工程预算造价的过程。

4.4.1 工程概况

4.4.1.1 经理办公室装修施工图

详见图 4-4 ~ 图 4-8。

4.4.1.2 经理办公室装修工程设计说明

（1）本工程为土建初步完成后的室内二次装修，不包括室外装修。土建交楼时地面已做找平层，墙体已砌筑，墙柱面已抹完底灰；除 B 立面墙为 180mm 砖墙外，其他间隔墙均为 120mm 砖墙。

（2）顶棚为木骨架 9mm 胶合板基层及轻钢龙骨 9mm 石膏板基层，面油白色乳胶漆（底油两遍面油两遍）。其他造型要求详见图纸。

（3）墙面贴装饰墙纸，Z_1 柱、Z_2 柱为木龙骨 9mm 胶合板基层，榉木胶合板饰面，面油硝基清漆。

（4）B 立面的窗帘盒为宽 300mm，高 300mm 内藏式胶合板窗帘盒，盒内油乳胶漆；宽 130mm、厚 20mm 大理石窗台板，现场磨边、抛光；宽 100mm 窗洞侧边贴装饰墙纸，90mm 系列双扇带上亮铝合金推拉窗，百叶窗帘。门为木龙骨胶合板门扇，外贴榉木胶合板油硝基清漆。

（5）为了防火，顶棚、包柱的木龙骨及胶合板基层均油防火漆两遍。

（6）层高 3.2m。首层，共一层。现场交通状况良好，运输方便。其他详见图纸。

4.4.2 工程量计算

工程量计算按某地区综合定额的计算规则进行计算。具体计算过程详见表 4-2。

4.4.3 建筑装饰工程预算书

本实例装饰工程预算书由以下几部分组成：

1. 装饰工程预算书封面（见表 4-3）

2. 编制说明（见表 4-4）

3. 单位工程总价表（见表 4-5）

4. 定额分部分项工程费汇总表（见表 4-6）

5. 措施项目费汇总表（见表 4-7）

6. 其他项目费汇总表（见表 4-8）

7. 规费计算表（见表 4-9）

8. 价差表（见表 4-10）

9. 工料机汇总表（见表 4-11）

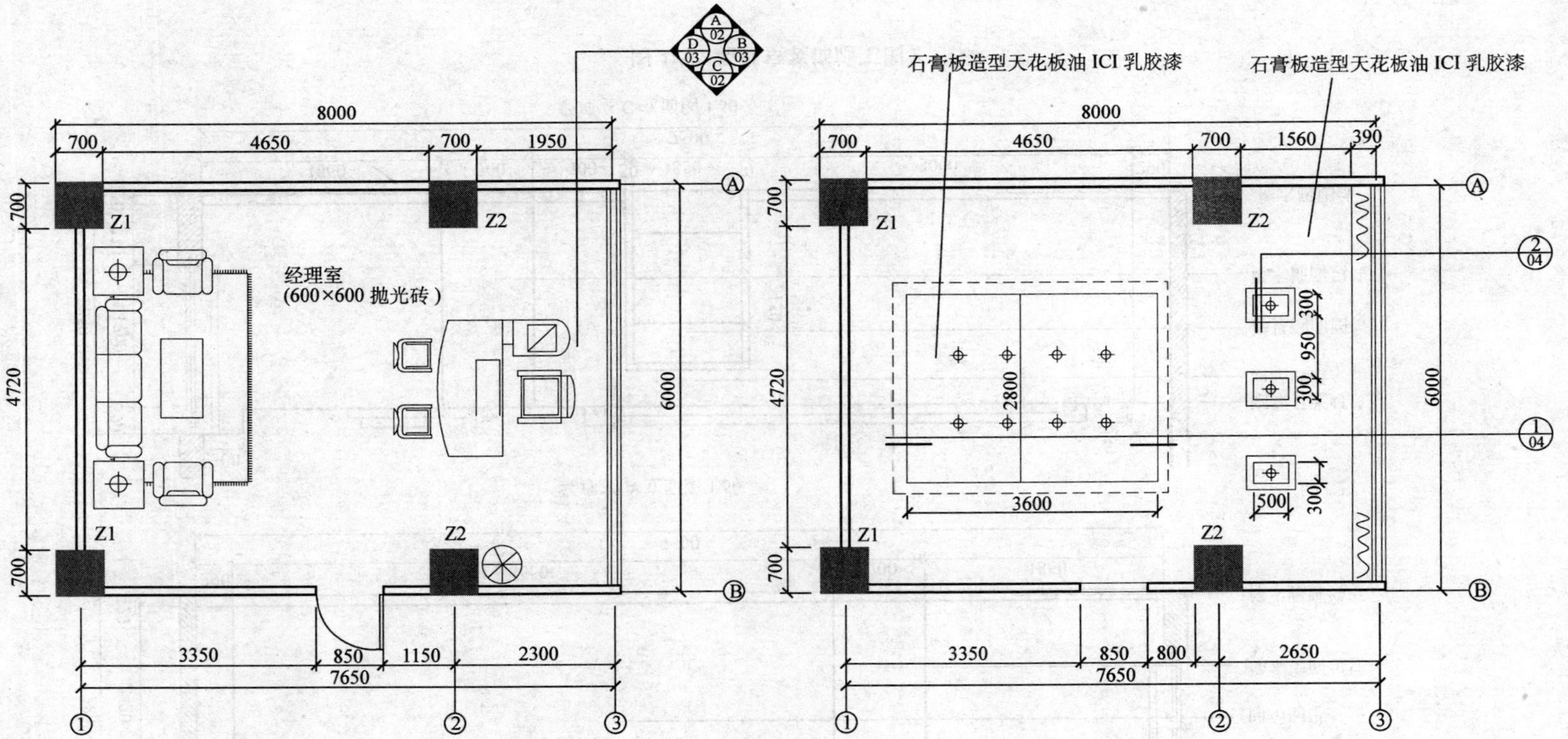

经理室平面图 1:100

经理室天花板图 1:100

图 4-4　经理室装饰施工图 1

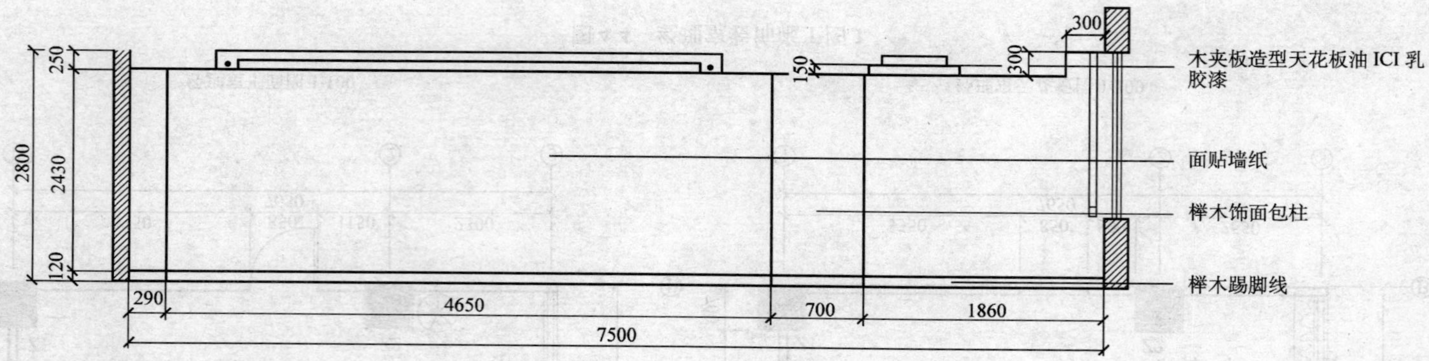

经理室 A 立面图 1:50

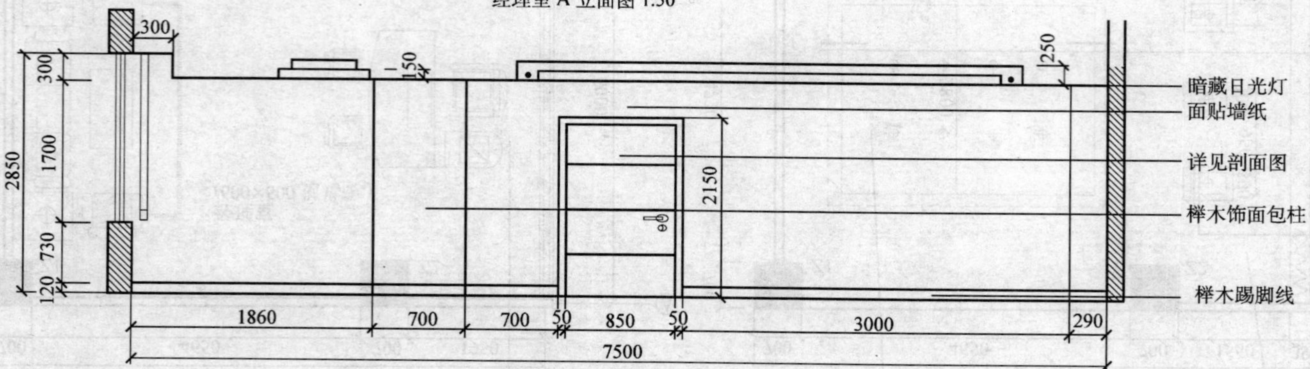

经理室 C 立面图 1:50

图 4-5 经理室装饰施工图 2

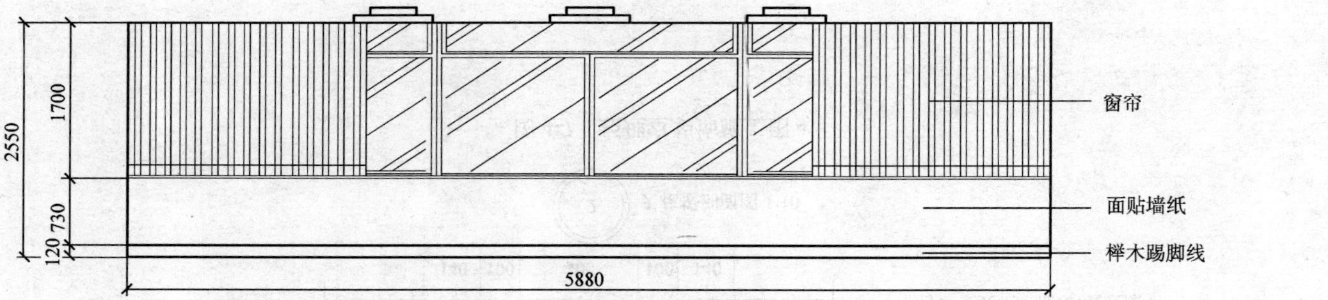

经理室 B 立面图 1:50

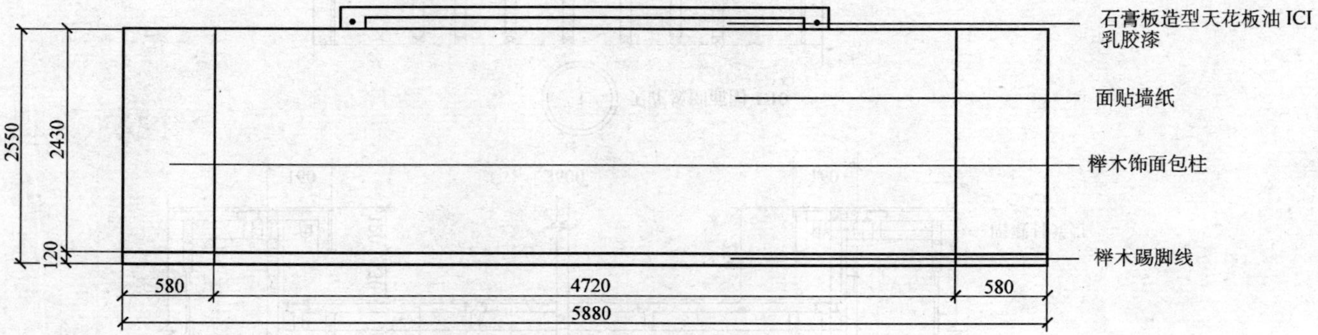

经理室 D 立面图 1:50

图 4-6　经理室装饰施工图 3

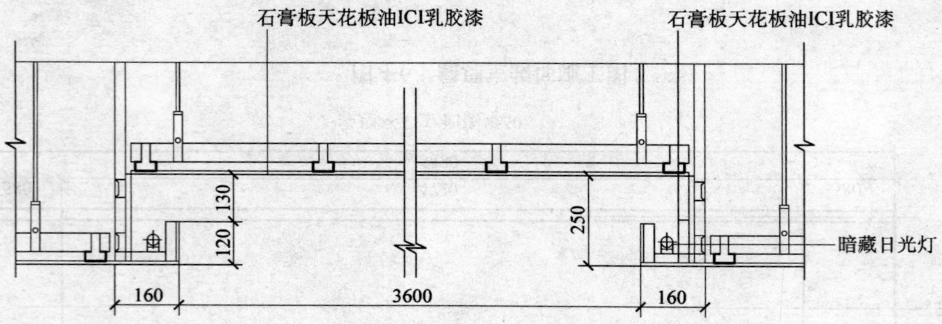

1 天花板剖面图 1:10

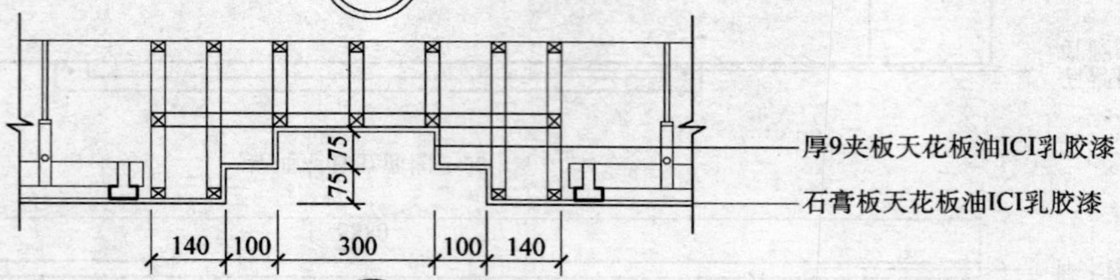

2 天花板剖面图 1:10

图 4-7 经理室装饰施工图 4

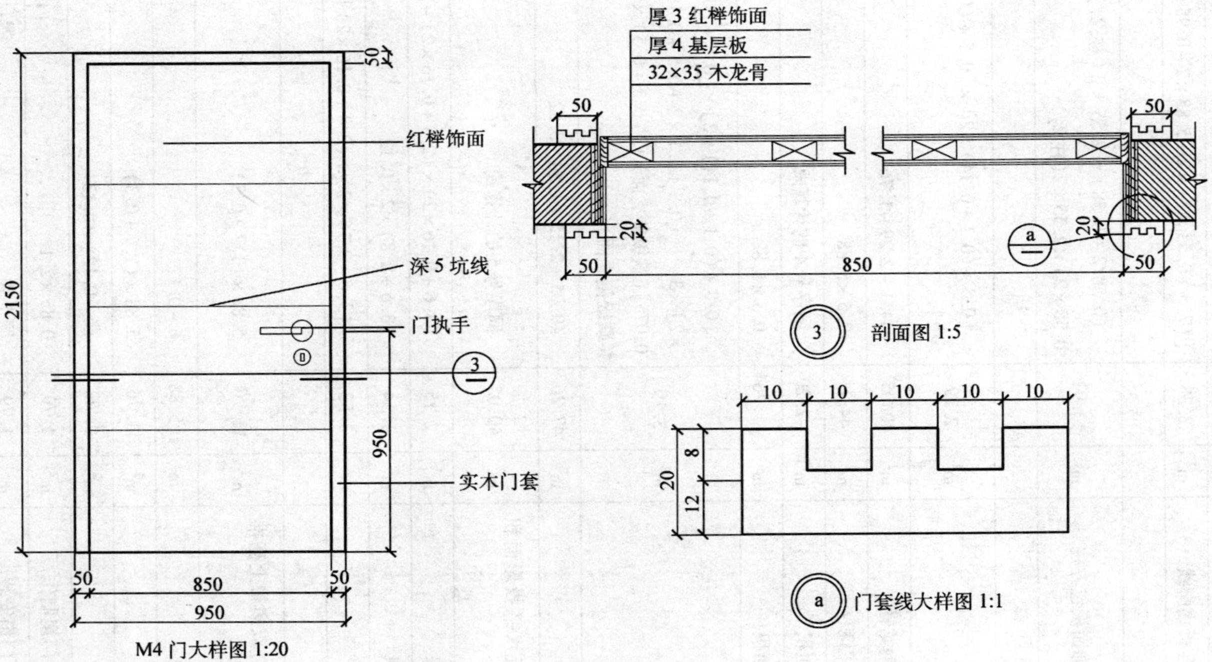

图 4-8　经理室装饰施工图 5

表 4-2 工程量计算表

序号	定额编号	工程项目名称	单位	数量	计 算 式
		分部分项工程			
一	B.1	楼地面工程			
1	B1-79	600mm×600mm 抛光砖地面	m^2	43.29	7.5×5.88−0.7×0.58×2(扣除柱 Z_2)
2	B1-185	榉木饰面胶合板踢脚线	m^2	3.38	[(7.5+0.58×2)×2+5.88×2−0.95]×0.12
二	B.2	墙柱面工程			
3	B2-246换	木龙骨榉木饰面板包方柱	m^2	13.92	(0.58/2+0.58)×2.55×2(柱 Z_1)+(0.7+0.58×2)×2.55×2(柱 Z_2)
三	B.3	顶棚工程			
4	B3-157	顶棚木龙骨	m^2	2.29	[0.3+(0.1+0.14)×2]×[0.5+(0.1+0.14)×2]
5	B3-33	顶棚 U 型轻钢龙骨	m^2	40.05	44.1−2.29−1.764
		其中:顶棚净面积	m^2	44.1	7.5×5.88
		扣减木龙骨面积	m^2	−2.29	同序号 4 的计算式
		扣减窗帘盒面积	m^2	−1.764	0.3×5.88
6	B3-164换	顶棚胶合板	m^2	3.19	[0.3+(0.1+0.14)×2]×[0.5+(0.1+0.14)×2]×3+{[(0.3+0.1×2+0.5+0.1×2)×2×0.075](跌级侧立面)+[(0.3+0.5)×2×0.075](跌级侧立面)}×3
7	B3-105	顶棚石膏板	m^2	47.26	40.05+2.15+1.54+3.52
		其中:石膏板水平投影面积(不含灯槽)	m^2	40.05	同序号 5 的计算式
		灯槽底板面积	m^2	2.15	(3.6+0.16×2)×(2.8+0.16×2)−3.6×2.8
		灯槽挡板面积	m^2	1.54	(3.6+2.8)×2×0.12
		跌级侧立面	m^2	3.52	[(3.6+0.16×2)+(2.8+0.16×2)]×2×0.25
四	B.4	门窗工程			
8	B4-264	90 系列铝合金双扇带上亮推拉窗	m^2	11.76	5.88×(1.7+0.3)
9	B4-180	胶合板窗帘盒	m	5.88	6−0.12
10	B4-186	百叶窗帘	m^2	11.76	5.88×(1.7+0.3)
11	B4-171	大理石窗台板	m^2	0.76	(6−0.12)×0.13
12	B4-85	木龙骨胶合板门扇制作	m^2	1.79	0.85×2.1
13	B4-95	木龙骨胶合板门扇安装	m^2	1.79	同上式
14	B4-155	门面贴榉木饰面板	m^2	3.57	0.85×2.1×2
15	B4-165	门筒子板	m^2	0.81	(0.85+2.1×2)×0.16
16	B4-168	50mm 宽门贴脸	m	10.5	(0.95+2.15×2)×2
五	B.6	细部装饰、栏杆工程			

（续）

序号	定额编号	工程项目名称	单位	数量	计 算 式
17	B6-2	门扇上锣5mm凹线	m	5.1	0.85×3
18	B6-19	门扇实木封边扁线	m	5.9	(0.85+2.1)×2
六	B.8	油漆涂料裱糊工程			
19	B8-20	木门刷硝基清漆	m^2	1.79	同序号12的计算式
20	B8-24	踢脚线、包柱、门筒子板刷硝基清漆	m^2	15.50	2.78+12.07+0.66
		其中:踢脚线	m^2	2.77	3.38(见序号2计算式)×0.82(油漆工程量调整系数)
		包柱	m^2	12.07	13.92(见序号3计算式)/2.55×(2.55-0.12)×0.91(油漆工程量调整系数)
		门筒子板	m^2	0.66	0.81(见序号15计算式)×0.82(油漆工程量调整系数)
21	B8-98	包柱木龙骨刷防火漆两遍	m^2	13.92	同序号3的计算式
22	B8-103	包柱基层板刷防火漆两遍	m^2	13.92	同序号3的计算式
23	B8-107	顶棚木龙骨(含基层板)刷防火漆两遍	m^2	2.29	同序号4的计算式
24	B8-145	顶棚石膏板面刷乳胶漆	m^2	47.26	同序号7的计算式
25	B8-143	顶棚胶合板面、窗帘盒刷乳胶漆	m^2	6.9	2.59+3.71
		其中:顶棚胶合板面	m^2	3.19	同序号6的计算式
		窗帘盒	m^2	3.71	5.88×(0.3+0.3)+0.3×0.3×2
26	B8-210	墙面贴墙纸	m^2	46.34	15.82+4.17+0.99+13.89+11.47
		其中:A立面	m^2	15.82	7.5×2.43-0.29×2.43(柱Z_1)-0.7×2.43(柱Z_2)
		B立面	m^2	4.17	5.88×(0.73-0.02)
		窗洞口的侧壁	m^2	0.99	[(1.7+0.3)×2+5.88]×0.1
		C立面	m^2	13.89	7.5×2.43-0.29×2.43(柱Z_1)-0.7×2.43(柱Z_2)-0.95×(2.15-0.12)(门及门贴脸)
		D立面	m^2	11.47	5.88×2.43-0.58×2×2.43(柱Z_1)
七	B.10	其他工程			
27	B10-20	大理石窗台板磨边、抛光	m	5.88	6-0.12
		措施项目			
八	B.11	脚手架工程			
28	B11-29	墙柱面活动脚手架	m^2	68.24	(7.5×2.55+5.88×2.55)×2
29	B11-30	顶棚面活动脚手架	m^2	44.1	7.5×5.88
30	B15-1	块料地面成品保护	m^2	43.29	7.5×5.88-0.7×0.58×2(扣除柱Z_2)

表 4-3 装饰工程预算书封面

某经理办公室装饰装修工程

施工图预算

编号：____

建设单位（发包人）：××公司

施工单位（承包人）：××装饰装修公司

编制（审核）工程造价：25324.64 元

编制（审核）造价指标：530.47 元

编制（审核）单位：××公司（单位盖章）

造价工程师及证号：李××（签字盖执业专用章）

负　　责　　人：张××（签字）

编　制　时　间：××年××月××日

表 4-4 编 制 说 明

编制说明

1. 工程概况：

1.1 建设单位：××公司

1.2 工程名称：经理办公室装饰装修工程。

1.3 工程范围：经理室地面、墙面、顶棚工程、门窗等装饰装修工程。

1.4 经济指标：建筑面积为 47.74m^2，单方造价为 530.47 元/m^2。

1.5 结构形式：钢筋混凝土框架结构。

1.6 其他：首层的层高 3.2m，现场交通运输方便。无甲方供材，预留金为 1000 元。

2. 编制依据：

2.1 执行 2006 年的《广东省装饰装修工程计价办法》。

2.2 以经理办公室装饰装修施工图为依据。

2.3 按照 2006 年的《广东省装饰装修工程综合定额》计价。

2.4 人工单价调整为 43 元/工日。材料按定额价未按市场调价。

2.5 按广州市装饰装修工程计费程序计价。

2.6 税金率：税金率按 3.41% 计算。

3. 预算未包括以下内容

3.1 水电及成品家具。

3.2 建设工程材料进场检验费。

3.3 材料价差。

表4-5 单位工程总价表

工程名称：某经理办公室装饰装修工程　　　　第　页共　页

序号	名　称	计算办法	金额/元
1	分部分项工程费	1.1+1.2+1.3	21121.65
1.1	定额分部分项工程费		18934.24
1.1.1	定额人工费		2029.98
1.2	价差	1.2.1+1.2.2+1.2.3	1094.01
1.2.1	人工价差	抽工日计算	1094.01
1.2.2	材料价差	抽材料计算	
1.2.3	机械价差	抽台班计算	
1.3	利润	(1.1.1+1.2.1)×35%	1093.40
2	措施项目费	2.1+2.2	1270.79
2.1	安全防护;文明施工措施项目费	2.1.1+2.1.2+2.1.3+2.1.4	528.04
2.1.1	按定额子目计算措施项目费		
2.1.1.1	定额人工费		
2.1.2	价差	2.1.2+2.1.2.2+2.1.2.3	
2.1.2.1	人工价差	抽工日计算	
2.1.2.2	材料价差	抽材料计算	
2.1.2.3	机械价差	抽台班计算	
2.1.3	利润	(2.1.1+2.1.2.1)×35%	
2.1.4	按定额计算措施项目费	1×2.5%	528.04
2.2	其他措施项目费	2.2.1+2.2.2+2.2.3+2.2.4	742.75
2.2.1	按定额子目计算措施项目费		192.31
2.2.1.1	定额人工费		78.28
2.2.2	价差	2.2.2.1+2.2.2.2+2.2.2.3	52.62
2.2.2.1	人工价差	抽工日计算	52.62
2.2.2.2	材料价差	抽材料计算	
2.2.2.3	机械价差	抽台班计算	
2.2.3	利润	(2.2.1.1+2.2.2.1)×35%	45.82
2.2.4	措施其他项目费	2.2.4.1+2.2.4.2+2.2.4.3+2.2.4.4	452.00
2.2.4.1	工程保险费	1×费率(费率为0.04%)	8.45
2.2.4.2	工程保修费	1×费率(费率为0.1%)	21.12
2.2.4.3	预算包干费	1×费率(费率为2%)	422.43
2.2.4.4	其他项目	按实际发生或按批准的施工组织设计方案计算	
3	其他项目费	按承发包双方的定按承发包双方的定	1000.00
4	规费	(1+2+3+4)×4.69%	1097.11
5	不含税工程造价	1+2+3+4	24489.55
6	堤围防护费与税金	按税务部门规定计算:5×3.41%	835.09
7	含税工程造价	5+6	25324.64

表 4-6 定额分部分项工程费汇总表

工程名称:某经理办公室装饰装修工程　　　　第　页共　页

序号	定额编号	名称及说明	单位	数量	单位基价/元	合价/元
		分部工程				18934.24
1	B1-79	600mm×600mm 抛光砖地面	$100m^2$	0.4329	11365.15	4919.97
2	B1-185	榉木饰面板踢脚线	$100m^2$	0.0338	12617.22	426.46
3	B2-246换	木龙骨榉木饰面板包方柱	$100m^2$	0.1329	18129.63	2523.64
4	B3-33	顶棚 U 型轻钢天棚龙骨	$100m^2$	0.4005	3872.01	1550.74
5	B3-105	顶棚石膏板	$100m^2$	0.4726	4262.92	2014.66
6	B3-157	顶棚木龙骨	$100m^2$	0.0229	3629.99	83.13
7	B3-164换	阶梯型顶棚 胶合板 直线型	$100m^2$	0.0319	4877.17	155.58
8	B4-85	木骨架胶合板门扇制作	$100m^2$	0.0179	13172.16	235.78
9	B4-95	木骨架胶合板门扇安装	$100m^2$	0.0179	750.05	13.43
10	B4-155	门面贴榉木饰面板	$100m^2$	0.0357	5629.65	200.98
11	B4-165	门筒子板	$100m^2$	0.081	13829.11	112.02
12	B4-168	50mm 宽门贴脸	100m	0.105	195.10	20.49
13	B4-171	大理石窗台板	$100m^2$	0.0076	71958.96	546.89
14	B4-180	胶合板窗帘盒	100m	0.0588	5138.27	302.13
15	B4-186	百叶窗帘	$100m^2$	0.1176	2394.70	281.62
16	B4-264	推拉窗带亮	$100m^2$	0.1176	4559.00	536.14
17	12012001	铝合金 90 系列双扇推拉窗带上亮	m^2	11.76	204.03	2399.39
18	B6-2	门扇锼宽 5mm 凹线	100m	0.051	65.88	3.36
19	B6-19	门扇实木封边扁线	100m	0.0059	1476.27	87.10
20	B8-20	木门刷硝基清漆	$100m^2$	0.0179	4863.18	87.05
21	B8-24	踢脚线、包柱、门筒子板刷硝基清漆	$100m^2$	0.1550	3074.87	476.60
22	B8-98	包柱木龙骨刷防火漆两遍	$100m^2$	0.1329	445.04	61.95
23	B8-103	包柱基层板刷防火漆两遍	$100m^2$	0.1329	459.50	63.96
24	B8-107	顶棚木龙骨(含基层板)刷防火漆两遍	$100m^2$	0.0229	781.56	17.90
25	B8-143	顶棚胶合板面、窗帘盒刷乳胶漆	$100m^2$	0.069	2102.48	145.07
26	B8-145	乳胶漆底油二遍面油二遍 石膏板面 顶棚面	$100m^2$	0.4726	1662.86	785.87
27	B8-210	墙面贴墙纸	$100m^2$	0.4634	1839.03	852.21
28	B10-20	磨边、抛光	100m	0.0588	512.20	30.12
		合　计				18934.24

表 4-7 措施项目费汇总表

工程名称:经理办公室装饰装修工程　　　　第　页共　页

序　号	名称及说明	单　位	合价/元	备　注
1	安全防护、文明施工措施费		528.04	
2	其他措施费		742.75	
	合计		1270.79	

表 4-8 其他项目费汇总表

工程名称:某经理办公室装饰装修工程　　　　第　页共　页

序　号	名称及说明	单　位	合价/元	备　注
1	招标人部分		1000.00	
1.1	预留金	元	1000.00	
	合　计		1000.00	

表4-9 规费计算表

工程名称:某经理办公室装饰装修工程

序号	名称	计算式	费率%	金额/元
1	社会保险费	(1+2+3)×3.31%	3.31	774.29
2	住房公积金	(1+2+3)×1.28%	1.28	299.42
3	工程定额测定费	(1+2+3)×0.1%	0.10	23.39
	合计:(大写)壹仟零玖拾柒元壹角			1097.10

表4-10 人工材料机械价差表

工程名称:某经理办公室装饰装修工程

序号	编码	材料名称及规格	产地、厂家	单位	数量	定额价/元	编制价/元	价差/元	合价/元
1	00000001	一类工		工日	71.59	28.00	43.00	15.00	1073.90
2	00000003	三类工		工日	1.06	24.00	43.00	19.00	20.11
	分部分项价差合计								1094.01
3	00000002	二类工		工日	2.61	26.00	43.00	17.00	44.39
4	00000003	三类工		工日	0.43	24.00	43.00	19.00	8.23
	措施项目价差合计								52.62

表4-11 工料机汇总表

工程名称:某经理办公室装饰装修工程

序号	工料机编号	名称规格	单位	数量
1	00000001	一类工	工日	71.593
2	00000002	二类工	工日	2.611
3	00000003	三类工	工日	1.491
4	01001001	圆钢 Φ10 以内	t	0.034
5	01004010	镀锌铁丝 13#(Φ2.2)	kg	0.069
6	01008001	扁钢(综合)	t	0.001
7	01011007	等边角钢 综合	t	0.016
8	12012001	铝合金 90 系列双扇推拉窗 带上亮	m^2	11.760
9	03002006	木枋 25mm×40mm	m	7.328
10	03002007	凹枋 25mm×40mm	m	43.052
11	03002017	杉木枋材	m^3	0.227
12	03002018	松木板材	m^3	0.008
13	03002023	硬木枋材	m^3	0.008
14	03009001	杉木门窗套料	m^3	0.041
15	03010006	胶合板 δ9	m^2	6.538
16	03010012	胶合板 2440mm×1220mm×4mm	m^2	5.432
17	03010015	胶合板 2440mm×1220mm×9mm	m^2	15.815
18	03010018	胶合板 2440mm×1220mm×18mm	m^2	2.193
19	07001002	平板玻璃 δ5	m^2	11.760
20	10018001	石膏板	m^2	49.623

注:由于篇幅有限,表中数据仅为部分材料的汇总。

本章小结

建筑装饰工程费用由直接费、间接费、利润和税金四部分组成。

建筑装饰工程计费程序是指确定建筑装饰工程各项费用的有规律的计算顺序。目前，各省、市、地区的费用标准和计算程序因各地条件不同而有所差异。计算建筑装饰工程造价时应按各地的计费程序进行。

建筑装饰装修工程预算是根据建筑装饰施工图以及有关的标准图、现行装饰工程预算定额或单位估价表，以及招标文件或工程承包合同、施工组织设计或施工方案、有关的计价文件、当地当时的装饰材料单价等预先计算和编制确定装饰装修工程所需要的全部预算造价的经济文件。目前，装饰工程预算编制的方法有单价法和实物法。编制装饰工程预算的主要步骤为：收集并熟悉相关的基础资料、列项、计算工程量、套用预算定额计算直接费、进行工料机分析和汇总、计算组成预算造价的各项费用、编制装饰工程预算书并装订成册送交有关部门审核。

复习思考题

1. 建筑装饰工程费用由哪四项费用组成？
2. 什么是直接工程费？
3. 什么是措施费？它包括哪些费用？
4. 什么是规费？它包括哪些费用？
5. 什么是企业管理费？它包括哪些费用？
6. 什么是税金？
7. 什么是建筑装饰工程计费程序？各地的计费程序是否一样？为什么？
8. 简述建筑装饰装修工程预算的含义？
9. 简述建筑装饰装修工程预算书的内容。
10. 简述建筑装饰装修工程预算编制的依据。
11. 简述建筑装饰装修工程预算编制的方法和步骤。
12. 结合工程实际采用定额计价法计算其预算造价。

第5章　建筑装饰工程工程量清单计价

学习目标：

1. 掌握建筑装饰工程工程量清单计价的概念，区别定额计价与清单计价的不同之处。
2. 掌握工程量清单的组成及其计价格式，掌握工程量清单编制方法。
3. 掌握工程量清单计价的含义及其计价格式，掌握综合单价的计算方法。

学习重点：

1. 建筑装饰工程工程量清单计价的概念，定额计价与清单计价的不同之处。
2. 工程量清单的组成和编制方法。
3. 工程量清单计价的含义，综合单价的计算方法。

学习建议：

1. 学习工程量清单计价方法时，应与定额计价从费用组成、计价格式等方面做对比。
2. 学习装饰工程工程量清单计价时，应结合当地的装饰工程计价办法和工程实际进行。

5.1　概述

5.1.1　工程量清单计价方法的概念

工程量清单计价方法是由国家颁发的《建设工程工程量清单计价规范》（GB 50500—2008）（以下简称《计价规范》）来规范的计价办法，具体是指在建设工程招标投标过程中，由招标人按照国家统一的工程量计算规则提供工程数量，由投标人依据工程量清单自主报价，并按照经评审后合理低价中标的工程造价的计价方法。

5.1.2　工程量清单计价的适用范围

按《计价规范》的规定，全部使用国有资金或国有资金投资为主的大中型建设工程必须采用工程量清单计价。所谓国有资金是指国家财政性预算内或预算外资金，国家机关、国有企事业单位和社会团体的自有资金及借贷资金，国家通过对内发行政府债券或向外国政府及国际金融机构举借主权外债所筹集的资金也应视为国有资金。国有资金投资为主的工程是指国有资金占总投资额50%以上或虽不足50%、但国有资产投资者实质上拥有控股权的工程。

5.1.3　工程量清单计价的特点

1. 工程量清单计价的强制性　强制性是指按《计价规范》进行计价活动时，规范中的强制性标准必须执行。如上文中的工程量清单计价的适用范围。

2. 工程量清单计价具有统一性 统一性指工程量清单实行四个统一，即统一项目编码、统一项目名称、统一计量单位、统一工程量计算规则。

3. 工程量清单计价具有竞争性 竞争性是指价格开放，即确定工程量清单计价的综合单价由企业根据自身定额和市场价格信息确定，将报价权交给企业，充分体现企业自主报价。

4. 工程量清单计价具有通用性 工程量清单计价采用综合单价法的特性与 FIDIC 合同条件的单价合同的情况相符合，体现我国计价方式能较好地与国际通行作法接轨。

5.1.4 工程量清单计价与传统定额计价方式的区别

1. 编制工程量的单位不同 传统定额计价方式下，招标人和投标人分别按图纸计算工程量。工程量清单计价方式下工程量由招标人统一计算或委托具有工程造价咨询资质的单位统一计算，投标人不用再计算工程量，避免了各投标人各自计算工程量的不同，而导致工程造价不一致的现象。

2. 项目单价不同 传统的定额计价方式下，项目报价采用直接费单价（工料单价）。单价由人工费、材料费和机械费组成，一般按现行的计价定额计算。而工程量清单计价采用综合单价报价，综合单价包括人工费、材料费、机械费、管理费、利润，并考虑风险因素。

3. 编制的依据不同 传统定额计价方式必须根据国家和地区规定的预算定额、费用定额和工料机单价来计算工程造价。工程量清单计价方式没有统一要求，投标人计算造价时可自己确定采用企业内部定额还是参考国家或地区定额，工料机单价也可根据市场来确定。

4. 费用组成表现不同 传统的定额计价方式将工程造价划分为直接费、间接费、利润、税金四部分费用。工程量清单计价将工程费用划分为分部分项工程费、措施项目费、其他项目费、规费和税金五个部分。

5. 分部分项工程项目包括的内容和计算规则不同 传统定额计价方式的工程项目一般按定额项目的划分来设置，通常就是按施工工序、工艺进行设置，项目所包含的内容较单一，据此规定了相应的工程量计算规则。工程量清单计价方式的分部分项工程项目的划分，一般以一个“综合实体”考虑，通常包括多项工程内容，据此也规定了相应的计算规则，两者的工程内容和计量单位、工程量计算规则是有一定区别的。对比举例见表 5-1。

表 5-1 工程项目包含内容不同对比

序号	工程量清单计价中工程项目	传统定额计价中的工程项目	序号	工程量清单计价中工程项目	传统定额计价中的工程项目
1	石材楼地面(m^2)	石材面层铺贴（m^2） 抹找平层（m^2） 垫层铺设（m^2） 刷保护液（m^2） 刷养护液（m^2） 嵌条（m）	2	顶棚吊顶（m^2）	顶棚龙骨安装（m^2） 顶棚基层板铺贴（m^2） 顶棚面层铺贴（m^2） 顶棚面刷油漆、涂料、裱糊（m^2）

6. 合同价调整方式不同 传统定额计价方式下合同价调整方式有：变更签证、政策性调整等。工程量清单计价调整合同价的方式主要是索赔。工程量清单计价的综合单价一般通过招标中报价的形式体现，一旦中标，报价作为签订施工合同的依据相对固定下来。工程结算时按承包商实际完成工程量乘以清单中相应的单价计算，减少了调整活口。

5.2 工程量清单的编制

5.2.1 工程量清单的概念

工程量清单是表现拟建工程的分部分项工程项目、措施项目、其他项目的名称和相应数量的明细清单。

5.2.2 工程量清单编制的原则及步骤

5.2.2.1 工程量清单编制的原则

工程量清单应由有编制招标能力的招标人，或受其委托具有相应资质的工程造价咨询机构、招标代理机构依据有关计价办法、招标文件的有关要求、设计文件和施工现场实际情况进行编制。

编制分部分项工程量清单应遵照以下四个统一的原则进行。

1. 项目编码统一 工程量清单的编码，主要是指分部分项工程量清单的编码。《计价规范》规定，分部分项工程量清单编码采用12位阿拉伯数字表示，前9位在《计价规范》附录中给定，为全国统一编码，不得变动。其中一、二位为附录顺序码，三、四位为专业工程顺序码，五、六位为分部工程顺序码，七、八、九位为分项工程项目名称顺序码，十至十二位为具体的清单项目名称顺序码，由清单编制人根据实际情况设置。

例如：在同一工程中，有大理石地面和花岗石地面，《计价规范》中规定石材楼地面的编码为020102001，如果编制人将大理石地面的项目编码为020102001001，则花岗石地面的编码应为020102001002。

随着新材料、新技术、新工艺的产生，会有附录中未包括的项目出现，编制人可按相应的原则进行补充，补充的项目应填写在工程量清单相应分部工程（节）的项目之后，并在相应“项目编码”栏内用“补”字示之。

2. 项目名称统一 分部分项工程量清单中的项目名称应根据《计价规范》中附录中的项目名称与项目特征并结合拟建工程的实际确定。

3. 计量单位统一 在编制工程量清单时应与《计价规范》中项目名称对应的计量单位相一致。

4. 工程量计算规则统一 在编制工程量清单时应按《计价规范》中项目名称所对应的工程量计算规则进行计算。

5.2.2.2 工程量清单编制的步骤

收集准备资料→熟悉工程图纸内容→按《计价规范》附录设置清单项目→按工程量计算规则计算工程量→完成分部分项工程量清单→完成措施项目清单→完成其他项目清单→完成总说明的编写→填写填表须知和完成封面的编写→送交有关部门审核。

5.2.3 分部分项工程量清单

5.2.3.1 分部分项工程量清单的含义

分部分项工程量清单又称为实体分项工程量清单，它是根据设计图纸和应完工的建筑产品进行划分确定的。分部分项工程量清单是以表格形式体现的，其表格形式见表5-2。

5.2.3.2 分部分项工程量清单的编制步骤

1. 设置分部分项工程量清单项目 即列项，列项有两个依据：一是根据建筑装饰施工图；二是《计价规范》中“附录B 装饰装修工程工程量清单项目及计算规则”（以下简称“装饰清单项目”，见本书后面附录中的表B.1.1～表B.6.7）。确定工程项目名称时应以附录中的项目名称为主体，考虑该项目的规格、型号、材质等特征要求，结合拟建工程的实际情况，使其名称具体化。项目名称具体填写示例见表5-2。

表5-2 分部分项工程量清单

工程名称：某装饰工程

序号	项目编码	项目名称	计量单位	工程数量
		一、楼地面工程		
1	020102001001	石材楼地面 60mm厚C15混凝土垫层 20mm厚1:3干硬性水泥砂浆结合层 20mm厚400mm×400mm金花米黄大理石	m^2	72
2	020102001002	石材楼地面 60mm厚C15混凝土垫层 20mm厚1:3干硬性水泥砂浆结合层 20mm厚600mm×600mm印度红石材	m^2	60
	……	……	……	……

2. 拟定项目特征描述 详细的项目特征是确定工程单价的重要因素。同一名称的项目，由于材料品种、型号、规格、材质的不同，反映在综合单价上的差别很大。

3. 确定清单项目编码 按上述的12位码进行编码。

4. 计算工程量 计算工程量时一定要注意按《计价规范》中的工程量计算规则进行计算，不能与传统定额计价的工程量计算规则相混淆。装饰工程工程量计算规则详见《计价规范》附录。

5. 工程量清单汇总 工程量计算完成后，按分章内容汇总到分部分项工程量清单表中后，就完成了工程量清单的编制工作。例如某装饰工程的分部分项工程量清单见表5-2。

5.2.4 措施项目清单

5.2.4.1 措施项目清单的含义

措施项目清单是表现拟完成工程项目施工中，发生于该工程前和施工过程中技术、生活、安全等方面的非工程实体项目的明细清单。

5.2.4.2 措施项目清单的编制

措施项目清单应根据拟建工程的具体情况，参照《计价规范》中的“措施项目一览表”列出建设过程中将发生的措施项目费。措施项目以“项”为计量单位，相应数量为“1”，即要求投标人对每一个措施项目费进行报价。措施项目的编号可根据具体工程情况按序从1开始编号。表5-3措施项目表节选于《计价规范》中的“措施项目一览表”中的通用项目和装饰装修工程措施项目。

表5-3 措施项目表

1 通用项目	
1.1	环境保护
1.2	文明施工
1.3	安全施工
1.4	临时设施
1.5	夜间施工
1.6	二次搬运
1.7	大型机械设备进出场及安拆
1.8	混凝土、钢筋混凝土模板及支架
1.9	脚手架
1.10	已完工程及设备保护
1.11	施工排水、降水
3 装饰装修工程	
3.1	垂直运输机械
3.2	室内空气污染测试

5.2.5 其他项目清单

5.2.5.1 其他项目清单的含义

其他项目清单主要考虑工程建设标准的高低、工程的复杂程度、工程的工期长短、工程的组成内容等直接影响工程造价的部分，是分部分项项目和措施项目之外的工程措施费用。它包括预留金、材料购置费、总承包服务费、零星工作项目费等项目内容。

1. 预留金 指招标人为可能发生的工程量变更而预留的金额。例如，因为计算错误有可能工程量清单漏项或者工程量清单有误，或者施工中设计变更引起工程量增加，或者因变更虽然工程量不增加但标准提高等因素使工程造价增加而预先准备的资金额。

2. 材料购置费 指招标人按招标文件要求自行采购材料预先准备的材料价款。

3. 总承包服务费 指为配合协调招标人工程分包和材料采购所需的费用。通常是指总承包单位有能力承担的分部分项工程，由建设单位分包给其他施工单位的，总包单位需要与分包单位配合协调施工，或者需要向分包单位提供服务的，总包单位可以向建设单位收取总承包服务费。如果总承包单位未向分包单位提供服务的或者由总包单位分包给其他施工单位的，总包单位不应收取总承包服务费。

4. 零星工作项目费 指完成招标人提出的、工程量暂估的零星工作所需的费用。通常这些零星工作是要求投标人完成的，既不能构成分部分项工程实体，也不能以实体计量和定价的一些零散工作所消耗的费用。

5.2.5.2 其他项目清单的编制

其他项目清单应根据拟建工程的具体情况参照上述内容列项。列项时分为两部分，一为招标人部分，包括预留金和材料的购置费；二为投标人部分，包括总承包服务费、零星工作项目费。其中招标人部分由清单编制人列出项目，预留金进行大致估算，一般预留工程总造价的3%～5%。材料购置费项目名称由清单编制人按指定供应材料名称分别填写，其金额可按估算金额填写。对投标人部分，在编制时可只列项目名称和工作内容，其费用内容由投标人进行计算后填在报价表中。为了方便投标人计算零星工作项目费，应采用“零星工作项目表”详细地列出零星工作预计需要的人工、材料、机械名称和相应数量。

5.2.6 工程量清单格式

“工程量清单格式”是为招标人编制招标文件中的工程量清单所规定的一种格式。《计价规范》对“工程量清单格式”规定了格式的内容和填写方法，编制人均应按此规定执行。

5.2.6.1 工程量清单格式组成内容

《计价规范》第五章第5.1.2条规定，工程量清单格式应由以下内容组成：

1. 封面（见表5-4）

2. 填表须知（见表5-5）

3. 总说明（见表5-6）

4. 分部分项工程量清单（见表5-7）

5. 措施项目清单（见表5-8）

6. 其他项目清单（见表5-9）

7. 零星工作项目表（见表5-10）

5.2.6.2 工程量清单格式的填写要求

《计价规范》第五章第5.1.3条规定，工程量清单格式的填写应符合下列规定：

（1）工程量清单应由招标人填写。

（2）填表须知除本规范内容外，招标人可根据具体情况进行补充。

（3）总说明应按下列内容填写。

1）工程概况：建设规模、工程特征、计划工期、施工现场实际情况、交通运输情况、自然地理条件、环境保护要求等。

2）工程招标和分包范围。

3）工程量清单依据。

4）工程质量、材料、施工等的特殊要求。

5）招标人自行采购材料的名称、规格型号、数量等。

6）预留金、自行采购材料的金额数量。

7）其他需说明的问题。

表5-4 工程量清单封面

____________________工程

招　标　人：______________________________（单位签字盖章）

法定代表人：______________________________（签字盖章）

中 介 机 构

法定代表人：______________________________（签字盖章）

造价工程师

及注册证号：______________________________（签字盖执业专用章）

编 制 时 间：______________________________

表 5-5 填 表 须 知

1. 工程量清单及其计价格式中所有要求签字、盖章的地方，必须有规定的单位和人员签字、盖章。

2. 工程量清单及其计价格式中的任何内容不得随意删除或涂改。

3. 工程量清单计价格式中列明的所有需要填报的单价和合价，投标人均应填报，未填报的单价和合价，视为此费用已包含在工程量清单的其他单价和合价中。

4. 金额（价格）以________币表示。

表 5-6 总 说 明

工程名称： 第 页共 页

表 5-7 分部分项工程量清单

工程名称： 第 页共 页

序号	项目编码	项目名称	计量单位	工程数量

表 5-8 措施项目清单

工程名称： 第 页共 页

序号	项目名称

表 5-9 其他项目清单

工程名称： 第 页共 页

序号	项目名称

表 5-10 零星工作项目表

工程名称： 第 页共 页

序号	名 称	计量单位	数 量
1	人工		
2	材料		
3	机械		

5.3 工程量清单计价

5.3.1 工程量清单计价的含义

工程量清单确定后，其后的工程计价活动是根据工程量清单内容，确定每个清单项目的工程单价，并据此确定工程造价的过程。在具体的计价活动中，它也许是招标投标阶段投标人根据招标人提供的工程量清单进行自主报价，或许是招标人编制工程标底，或者是承发包双方确定工程量清单合同价，或者是承发包双方根据工程变更确定变更项目的工程价款，并最终确定工程结算价款等的活动。

工程量清单计价应包括按招标文件规定，完成工程量清单所列项目的全部费用，包括分部分项工程费、措施项目费、其他项目费和规费、税金。

5.3.2 工程量清单计价模式下的计费程序

虽然《计价规范》规定了工程造价是由分部分项工程费、措施项目费、其他项目费和规费、税金组成。但各项费用的具体计算，如同定额计价模式一样，仍然由各省市制定出具体执行的计算办法。表5-11为广东省装饰工程的工程量清单计价模式下的计费程序。

表5-11 广东省装饰工程的工程量清单计价程序

序号	名称	计算方法
1	分部分项工程费	Σ(清单工程量×综合单价)
2	措施项目费	2.1+2.2
2.1	安全防护、文明施工措施项目费	按规定计算(包括利润)
2.2	其他措施项目费	按规定计算(包括利润)
3	其他项目费	按规定计算
4	规费	(1+2+3)×费率
5	不含税造价	1+2+3+4
5	税金	按税务部门规定计算
6	含税工程造价	1+2+3+4+5

5.3.3 工程量清单计价格式

工程量清单计价应采用统一格式。工程量清单计价格式应随招标文件发至投标人。

5.3.3.1 工程量清单计价格式组成内容

工程量清单计价格式应由以下内容组成：

封面（见表5-12）、投标总价（见表5-13）、工程项目总价表（见表5-14）、单项工程费汇总表（见表5-15）、单位工程费汇总表（见表5-16）、分部分项工程量清单计价表（见表5-17）、措施项目清单计价表（见表5-18）、其他项目清单计价表（见表5-19）、零星工作项目计价表（见表5-20）、分部分项工程量清单综合单价分析表（见表5-21）、措施项目费分析表（见表5-22）、主要材料报价表（见表5-23）。

表5-12 封 面

____________________工程

工程量清单报价表

投 标 人：____________________（单位签字盖章）

法定代表人：____________________（签字盖章）

造价工程师

及注册证号：____________________（签字盖执业专用章）

编 制 时 间：____________________

表 5-13　投标总价表

投　标　总　价

建设单位：________________

工程名称：________________

投标总价(小写)：________________

（大写）：________________

投　标　人：________________（单位签字盖章）

法定代表人：________________（签字盖执业专用章）

编 制 时 间：________________

表 5-14　工程项目总价表

工程名称：　　　　　　　　　　　　　　　　　　　　　　第　页共　页

序号	单项工程名称	金额/元
	合计	

表 5-15　单项工程汇总表

工程名称：　　　　　　　　　　　　　　　　　　　　　　第　页共　页

序号	单项工程名称	金额/元
	合计	

表 5-16　单位工程总价表

工程名称：　　　　　　　　　　　　　　　　　　　　　　第　页共　页

序号	项目名称	金额/元
	合计	

表 5-17　分部分项工程量清单计价表

工程名称：　　　　　　　　　　　　　　　　　　　　　　第　页共　页

序号	项目编码	项目名称	计量单位	工程数量	金额/元	
					综合单价	合　价
		本页小计				
		合计				

表 5-18　措施项目清单计价表

工程名称：　　　　　　　　　　　　　　　　　　　　　　　　　　第　页共　页

序号	项目名称	金额/元
	合计	

表 5-19　其他项目清单计价表

工程名称：　　　　　　　　　　　　　　　　　　　　　　　　　　第　页共　页

序号	项目名称	金额/元
1	招标人部分	
	小计	
2	投标人部分	
	小计	
	合计	

表 5-20　零星工作项目计价表

工程名称：　　　　　　　　　　　　　　　　　　　　　　　　　　第　页共　页

序　号	名　称	计量单位	数　量	金额/元	
				综合单价	合价
1	人工				
	小　计				
2	材料				
	小　计				
3	机械				
	小　计				

表 5-21　分部分项工程量清单综合单价分析表

工程名称：　　　　　　　　　　　　　　　　　　　　　　　　　　第　页共　页

序号	项目编码	项目名称	工程内容	综合单价组成					综合单价
				人工费	材料费	机械使用费	管理费	利润	

表 5-22　措施项目费分析表

工程名称：　　　　　　　　　　　　　　　　　　　　　　　　　　第　页共　页

序号	措施项目名称	单位	数量	金额/元					
				人工费	材料费	机械使用费	管理费	利润	小计
	合计								

表 5-23　主要材料价格表

工程名称：　　　　　　　　　　　　　　　　　　　　　　　　　　　　第　页共　页

序号	材料编码	材料名称	规格、型号等特殊要求	单位	单价/元

5.3.3.2　工程量清单计价格式的填写要求

(1) 工程量清单计价格式应由投标人填写。

(2) 封面应按规定内容填写、签字、盖章。

(3) 投标总价应按工程项目总价表合计金额填写。

(4) 工程项目总价表。

1) 表中单项工程名称应按单项工程费汇总表的工程名称填写。

2) 表中金额应按单项工程费汇总表的合计金额填写。

(5) 单项工程费汇总表。

1) 表中单位工程名称应按单位工程费汇总表的工程名称填写。

2) 表中金额应按单位工程费汇总表的合计金额填写。

(6) 单位工程费汇总表中的金额应分别按照分部分项工程量清单计价表、措施项目清单计价表和其他项目清单计价表的合计金额和按有关规定计算的规费、税金填写。

(7) 分部分项工程量清单计价表中的序号、项目编码、项目名称、计量单位、工程数量必须按分部分项工程量清单中的相应内容填写。

(8) 措施项目清单计价表。

1) 表中的序号、项目名称必须按措施项目清单中的相应内容填写。

2) 投标人可根据施工组织设计采取的措施增加项目。

(9) 其他项目清单计价表。

1) 表中的序号、项目名称必须按其他项目清单中的相应内容填写。

2) 招标人部分的金额必须按《计价规范》5.1.3 条中招标人提出的数额填写。

(10) 零星工作费表。

1) 招标人提供的零星工作费表应包括详细的人工、材料、机械名称、计量单位和相应数量。

2) 综合单价应参照《计价规范》规定的综合单价组成，根据零星工作的特点填写。

3) 工程竣工，零星工作费应按实际完成的工程量所需费用结算。

(11) 分部分项工程量清单综合单价分析表和措施项目费分析表应由招标人根据需要提出要求后填写。

5.3.4　综合单价

5.3.4.1　综合单价的含义

综合单价是指完成规定计量单位项目所需的人工费、材料费、机械使用费、管理费、利润，并考虑风险因素。

《计价规范》中规定：工程量清单应采用综合单价计价，它不仅适用于分部分项工程量清单计价，也适用于措施项目清单和其他项目清单计价。

5.3.4.2 综合单价的计算方法

在前面我们已经知道，工程量清单计价方式下分部分项工程项目的设置，一般以一个“综合实体”考虑，通常包括多项工程内容。所以，要计算清单项目的综合单价就必须先计算出清单项目所组合的工程内容的人工费、材料费、机械使用费、管理费、利润，然后累加得到分部分项工程费用再除以清单的工程量，最终得到该清单项目的综合单价。其具体计算步骤及公式如下：

1. 收集整理和熟悉相关资料 相关资料有：工程量清单，《计价规范》，施工图纸，施工组织设计（施工方案），现场地质及水文资料，投标人的安全、环保、文明措施方案，现行市场人工单价、材料单价、机械台班单价，全国及省、市统一消耗量定额、费用定额、单位估价表及企业定额，规范规定、法律条文及其他。

2. 确定清单项目所组合的工程内容及其工程量 依据《计价规范》、施工图纸、施工组织设计及清单工程量、项目特征、采用的定额等确定清单项目所组合的工程内容（通常为定额中的子目），并根据所采用的定额的工程量计算规则计算子目工程量。注意工程子目工程量和清单工程量不一定相等。

3. 计算分部分项工程费用

（1）根据所选定额查出每个工程内容定额工料机的消耗量，根据市场确定工料机单价。

（2）计算清单所组合的工程内容的费用：

$$\text{工程内容的费用} = \text{人工费} + \text{材料费} + \text{机械费} \tag{5-1}$$

其中

$$\begin{aligned}\text{人工费} &= \sum(\text{工日数} \times \text{人工单价}) \\ &= \sum(\text{子目工程量} \times \text{定额人工消耗量} \times \text{人工单价})\end{aligned} \tag{5-2}$$

$$\begin{aligned}\text{材料费} &= \sum(\text{材料数量} \times \text{材料单价}) \\ &= \sum(\text{子目工程量} \times \text{定额材料消耗量} \times \text{材料单价})\end{aligned} \tag{5-3}$$

$$\begin{aligned}\text{机械费} &= \sum(\text{机械台班数} \times \text{机械台班单价}) \\ &= \sum(\text{子目工程量} \times \text{定额机械台班消耗量} \times \text{台班单价})\end{aligned} \tag{5-4}$$

（3）计算分部分项工程直接费（人工费、材料费、机械费）：

$$\text{分部分项工程直接费} = \sum\text{工程内容费用} \tag{5-5}$$

（4）计算管理费：

$$\text{管理费} = \text{分部分项工程直接费} \times \text{管理费率} \tag{5-6}$$

或

$$\text{管理费} = \text{分部分项工程人工费} \times \text{管理费率} \tag{5-7}$$

在这里还有一点要说明的，如果计价时采用的地方定额（量价合一的）子目基价中已包含管理费，就应在第（2）步就先计算管理费，此时管理费的计算式为

$$\text{管理费} = \text{子目的工程量} \times \text{定额的管理费} \tag{5-8}$$

（5）计算利润：

$$\text{利润} = \text{分部分项工程直接费} \times \text{利润率} \tag{5-9}$$

或　　　　　　　　　　利润 = 分部分项工程人工费 × 利润率　　　　　　　　　　(5-10)

有些地方计价时也将利润放在第（2）步中进行，此时的利润的计算式一般为

利润 = 工程内容的人工费 × 利润率　　　　　　　　　　(5-11)

（6）考虑风险费用。

（7）计算分部分项工程总价：

分部分项工程总价 = 分部分项工程直接费 + 管理费 + 利润　　　　　　　　　　(5-12)

4. 确定综合单价

综合单价 = 分部分项工程总价 ÷ 清单工程量　　　　　　　　　　(5-13)

5. 填写分部分项工程量清单综合单价计算表

5.3.4.3　综合单价计算实例

【例 5.1】 经招标人根据施工图计算：某宾馆玻璃隔断的清单工程量为 10.8m^2。它所组合的工程内容及其工程量根据全国统一的装饰装修工程消耗量定额计算分别为：（1）12mm 厚钢化玻璃隔断 10.8m^2；（2）单独不锈钢板边框为 1.26m^2。假定项目管理费、利润均按分部分项工程直接费为计算基础，管理费费率定为 17%，利润率为 8%，暂不考虑风险。试计算该清单项目的综合单价。

【解】

该题目已事先给出清单项目所组合的工程内容及其工程量，如果招标人只提供了工程量清单而未提供工程内容的工程量就必须由投标人计算，然后再进行下列计算。

（1）计算各工程内容的费用。以下计算式中工料机定额的消耗量套用于全国统一的装饰装修工程消耗量定额。单价由投标人根据工程所在地情况确定，费用计算过程见表 5-24。

1）12mm 厚钢化玻璃隔断费用，计算过程见表 5-24。

表 5-24　12mm 厚钢化玻璃隔断费用计算表

工料机名称	人工费、材料费、机械费计算式	分类合计
综合工日	(45 元/工日) × (0.3186 工日/m^2) × 10.8m^2 = 154.84 元	人工费：154.84 元
钢化玻璃	(124 元/m^2) × (1.0604m^2/m^2) × 10.8m^2 = 1420.09 元	材料费：1653.36 元
膨胀螺栓	(1.05 元/套) × (3.5408 套/m^2) × 10.8m^2 = 40.30 元	
橡胶条	(1.2 元/m) × (1.5789m/m^2) × 10.8m^2 = 20.46 元	
角钢	(2.6 元/kg) × (4.3622kg/ m^2) × 10.8m^2 = 122.49 元	
玻璃胶	(18 元/支) × (0.2573 支/m^2) × 10.8m^2 = 50.02 元	
交流电焊机	(54 元/台班) × (0.0022 台班/m^2) × 10.8m^2 = 1.28 元	机械费：25.88 元
电动切割机	(52 元/台班) × (0.0438 台班/m^2) × 10.8m^2 = 24.6 元	
合计		1834.08 元

2）不锈钢板边框费用，计算过程见表 5-25。

表 5-25　不锈钢板边框费用计算表

工料机名称	人工费、材料费、机械费计算式	分类合计
综合工日	(45 元/工日) × (0.3887 工日/m^2) × 1.26m^2 = 22.04 元	人工费：22.04 元
锯材	(1200 元/m^3) × (0.017m^3/ m^2) × 1.26m^2 = 25.70 元	材料费：403.70 元
0.8mm 厚不锈钢板	(300 元/m^2) × 1.26m^2 = 378.00 元	
人工圆锯机 φ500mm	(15 元/台班) × (0.0017 台班/m^2) × 1.26m^2 = 0.03 元	机械费：0.18 元
木工刨床	(9 元/台班) × (0.0136 台班/ m^2) × 1.26 m^2 = 0.15 元	
	合计	425.92 元

(2) 计算分部分项工程直接费：

分部分项工程直接费 = Σ工程内容费用

= 1834.08 元 + 425.92 元 = 2260.00 元

(3) 计算管理费：

管理费 = 分部分项工程直接费 × 管理费率（按 17% 计取）

= 2260.00 元 × 17% = 384.20 元

(4) 计算利润：

利润 = 分部分项工程直接费 × 利润率（按 8% 计取）

= 2260.00 元 × 8% = 180.80 元

(5) 风险费不计。

(6) 计算分部分项工程总价：

分部分项工程总价 = 分部分项工程直接费 + 管理费 + 利润

= 2260.00 元 + 384.20 元 + 180.80 元 = 2825.00 元

(7) 确定综合单价：

综合单价 = 分部分项工程总价 ÷ 清单工程量

= 2 825.00 元 ÷ 10.8m^2 = 261.57 元/m^2

(8) 填写分部分项工程量清单综合单价分析表。将表 5-24 和表 5-25 中各工程内容的人工费、材料费和机械费除以清单工程量 10.8m^2 后填入表 5-26 中。在填写“项目名称”时可按照“分部分项工程量清单”原样填写，但有些地区规定可将项目特征省略。

表 5-26　分部分项工程量清单综合单价分析表

工程名称：某装饰工程　　　　第　页共　页

序号	项目编码	项目名称	工程内容	综合单价组成					综合单价
				人工费	材料费	机械使用费	管理费	利润	
1	020209001001	玻璃隔断 1. 8mm 厚镜面不锈钢边框 2. 12mm 厚钢化玻璃隔断 3. 玻璃胶嵌缝	12mm 厚钢化玻璃钢隔断	14.34	153.09	2.40	28.87	13.59	261.59 元/m^2
			8mm 厚镜面不锈钢边框	2.04	37.38	0.02	6.70	3.16	
			小计	16.38	190.47	2.42	35.57	16.75	

5.3.5 分部分项工程费计算

分部分项工程费指完成分部分项工程量清单所列出的各分部分项工程所需的费用。计算公式为

$$\text{分部分项工程费} = \sum \text{清单工程量} \times \text{综合单价} \tag{5-14}$$

分部分项工程费计算通常是通过分部分项工程量计价表实现的。

【例 5.2】 计算【例 5.1】中的玻璃隔断清单项目的分部分项工程费。

【解】

玻璃隔断清单项目的分部分项工程费的计算过程见表 5-27。

表 5-27 分部分项工程量清单计价表

工程名称：　　　　　　第　页共　页

序号	项目编码	项目名称	计量单位	工程数量	金额/元	
					综合单价	合　价
1	020209001001	玻璃隔断 1. 8mm 厚镜面不锈钢边框 2. 12mm 厚钢化玻璃隔断 3. 玻璃胶嵌缝	m^2	10.8	261.59	2825.17
		本页小计				2825.17
		合计				2825.17

5.3.6 措施项目费的计算

5.3.6.1 措施项目费的构成

措施项目的内容在上节表 5-3 中已基本列出。招标人提供的措施项目是依据项目的具体情况，考虑常用的、一般情况下可能发生的措施项目费用确定的。原则上投标人报价时可以根据招标文件的要求，以及自己企业所采用的施工方案的具体情况调整措施项目及其内容。

某些省市的主管部门根据当地的措施项目费用特征制定了措施项目费用内容及其计算方法，以指导当地的工程计价活动。例如，广东省根据措施项目费用性质不同，将措施项目分为安全防护、文明施工措施项目和其他措施项目。安全防护、文明施工措施项目有：环境保护、文明施工、安全施工、临时设施。其他措施项目有：夜间施工、二次搬运、大型机械设备进出场及安拆、混凝土、钢筋混凝土模板及支架、脚手架、已完工程及设备保护、施工排水、降水、垂直运输、室内空气污染测试、建筑垃圾外运、工程保险、工程保修、赶工措施、预算包干等。

5.3.6.2 措施项目费的计算方法

投标报价时，措施项目费由编制人自行计算，但各省市地区计算措施项目费的方法并不完全相同，一般可以采用以下方法来确定。

1. 依据定额计算　在措施项目中有一些项目，如脚手架、已完工程及设备保护、垂直运输、建筑垃圾外运等项目的消耗标准，已编制在省市的装饰装修工程定额内。它们的费用计算过程与分部分项工程费计算类似。首先按定额工程量计算规则计算工程量，并套价计算其直接费用，然后乘以管理费费率和利润率计算管理费和利润，最后累加得到该措施项目

费。

2. 按系数计算 有一些措施项目不能直接以量化的方法加以计量，如环境保护、夜间施工、施工排水、降水、工程保险、工程保修、赶工措施、预算包干等费用，通常都以分部分项工程费乘以一个系数计算。

3. 按收费标准计算 室内空气污染测试费等通常按有关收费标准计算。

不论是哪一类措施项目费，均按规定的计算结果以“1”项为单位填写到措施项目清单分析表中，汇总后填到措施项目清单计价表中。

5.3.6.3 措施项目费计算实例

【例 5.3】 某建筑外墙镶贴墙面砖，其装饰面积为 $600m^2$，查某地区装饰工程预算定额中装饰脚手架项目的定额计价为 6.77 元/m^2，以直接费为计算基础的管理费费率为 18%，利润率为 10%，试计算脚手架费用。

【解】

$$\begin{aligned}\text{外墙装饰脚手架费用} &= \text{直接费} \times (1 + \text{管理费费率} + \text{利润率}) \\ &= 600m^2 \times 6.77\ \text{元}/m^2 \times (1 + 18\% + 10\%) \\ &= 5199.36\ \text{元}\end{aligned}$$

5.3.7 其他项目费计算

从上节中已经知道其他项目费包括：招标人部分的预留金和材料采购费，投标人部分的总承包服务费和零星项目费。其中预留金招标人部分的费用金额由招标人计算并体现在工程量清单的总说明中。投标人报价时再将它们填写在其他项目清单计价表中。投标人部分的总承包服务费发生时，一般按分包工程费的 0% ~3% 计取，由投标人计算填写。而零星工作项目费则由投标人根据招标人提出的“零星工作项目表”中详细列出零星工作预计需要的人工、材料、机械名称和相应数量，对应进行计价并填写在零星工作项目清单计价表中。

5.3.8 规费计算

规费是指按政府和有关部门规定所必须交纳的费用，包括：社会保险金、住房公积金、工程定额测定费、工程排污费、施工噪声排除费、防洪工程维护费、意外伤害保险费等。这些费用都由各个省市政府主管部门制定出具体费率，由投标人按其规定计算。

5.3.9 税金计算

税金全国基本统一按国家规定的税率计算。公式为

$$\text{税金} = (\text{分部分项工程费} + \text{措施项目费} + \text{其他项目费} + \text{规费}) \times \text{税率} \tag{5-15}$$

5.4 工程量清单和工程量清单计价编制实例

下面仍然通过第 4.4 节中某市某公司经理办公室的装饰装修工程来说明按工程量清单计价方式编制该工程的工程量清单以及工程量清单计价的过程。

5.4.1 工程概况

工程情况及装饰工程图样详见第 4.4.1 节的内容。

5.4.2 工程量计算及工程量清单

根据《计价规范》附录 B 的规定计算工程量并编制相应的工程量清单。

5.4.2.1 工程量计算

分部分项工程量清单的所有项目工程量计算见表 5-28。

表 5-28 工程量计算表

序号	项目编码	项目名称	单位	数量	计算式
1	020102002001	块料楼地面	m^2	43.29	$7.5\times5.88-0.7\times0.58\times2$(扣除柱 Z_2)
2	020105006001	木质踢脚线	m^2	3.38	$[(7.5+0.58\times2)\times2+5.88\times2-0.95]\times0.12$
3	020208001001	柱面装饰	m^2	13.92	$(0.58/2+0.58)\times2.55\times2$(柱 Z_1) + $(0.7+0.58\times2)\times2.55\times2$(柱 Z_2)
4	020302001001	顶棚吊顶(木结构天棚)	m^2	2.29	$[0.3+(0.1+0.14)\times2]\times[0.5+(0.1+0.14)\times2]$
5	020302001002	顶棚吊顶(轻钢龙骨石膏板顶棚)	m^2	40.05	$44.1-2.29-1.764$
		其中:顶棚净面积	m^2	44.1	7.5×5.88
		扣减木龙骨面积	m^2	-2.29	同序号 4 的计算式
		扣减窗帘盒面积	m^2	-1.764	0.3×5.88
6	020408001001	铝合金推拉窗	樘	3	
7	020408002001	胶合板窗帘盒	m	5.88	$6-0.12$
8	补 0204008005001	百叶窗帘	m^2	11.76	$5.88\times(1.7+0.3)$
9	020409003001	石材窗台板	m	5.88	$6-0.12$
10	补 0204010001001	木门扇制安	m^2	1.79	0.85×2.1
11	020407006001	门套筒子板	m^2	0.81	$(0.85+2.1\times2)\times0.16$
12	020407004001	门木贴脸	m^2	0.53	$(0.95+2.15\times2)\times2\times0.05$
13	020509001001	墙面贴墙纸	m^2	46.34	$15.82+4.17+0.99+13.89+11.47$
		其中:A 立面	m^2	15.82	$7.5\times2.43-0.29\times2.43$(柱 Z_1) -0.7×2.43(柱 Z_2)
		B 立面	m^2	4.17	$5.88\times(0.73-0.02)$
		窗洞口的侧壁	m^2	0.99	$[(1.7+0.3)\times2+5.88]\times0.1$
		C 立面	m^2	13.89	$7.5\times2.43-0.29\times2.43$(柱 Z_1) -0.7×2.43(柱 Z_2) $-0.95\times(2.15-0.12)$(门及门贴脸)
		D 立面	m^2	11.47	$5.88\times2.43-0.58\times2\times2.43$(柱 Z_1)

5.4.2.2 工程量清单的编制

1. 编写工程量清单封面（见表5-29）

表5-29 工程量清单封面

某经理办公室装饰装修 工程

招 标 人：××公司 （单位签字盖章）

法定代表人：赵×× （签字盖章）

中 介 机 构

法定代表人：钱×× （签字盖章）

造价工程师

及注册证号：孙×× （签字盖执业专用章）

编 制 时 间：××××年××月××日

2. 填写填表须知（见表5-30）

表5-30 填 表 须 知

1. 工程量清单及其计价格式中所有要求签字、盖章的地方，必须有规定的单位和人员签字、盖章。

2. 工程量清单及其计价格式中的任何内容不得随意删除或涂改。

3. 工程量清单计价格式中列明的所有需要填报的单价和合价，投标人均应填报，未填报的单价和合价，视为此费用已包含在工程量清单的其他单价和合价中。

4. 金额（价格）以 人民币 表示。

3. 填写总说明（见表5-31）

表5-31 总 说 明

工程名称：某经理办公室装饰装修工程　　　　第　页共　页

1. 工程概况：建筑面积为$47.74m^2$，首层，层高3.2m，钢筋混凝土框架结构。现场交通运输方便。

2. 工程招标和分包范围：经理办公室装饰装修工程，无分包工程。

3. 工程量清单依据：经理办公室装饰装修施工图，《建设工程工程量清单计价规范》，《广东省装饰装修工程计价办法（2006年）》。

4. 工程质量、材料、施工等的特殊要求：工程质量应达到优良标准。材料应选用优质产品。

5. 材料均由投标人采购供应。

6. 考虑施工中可能发生的设计变更或清单有误，预留金为1000元。

7. 投标人投标时，应按《广东省装饰装修工程计价办法（2006年）》中规定的统一格式进行计价。

4. 编制分部分项工程量清单（见表5-32）

表 5-32 分部分项工程量清单

工程名称：某经理办公室装饰装修工程 第 页共 页

序号	项目编码	项 目 名 称	计量单位	工程数量
1	020102002001	块料楼地面 1. 结合层：10mm 厚，1∶2 水泥砂浆 2. 面层：600mm×600mm 东鹏米黄色抛光砖、优质品 3. 白水泥浆擦缝	m^2	43.29
2	020105006001	木质踢脚线 1. 120mm 高踢脚线 2. 基层：9mm 胶合板，规格 1220mm×2440mm×9mm 3. 面层：红榉饰面板，规格 1220mm×2440mm×3mm 4. 饰面板漆片、叻架	m^2	3.38
3	020208001001	柱面装饰 1. 木结构底，饰面胶合板包方柱 2. 木龙骨，9mm 胶合板 3. 面层：红榉饰面板，规格 1220mm×2440mm×3mm 4. 木结构基层刷防火漆两遍 5. 饰面板漆片、叻架	m^2	13.92
4	020302001001	顶棚吊顶 1. 吊顶形式：阶梯式吊顶 2. 木龙骨规格 25mm×40mm，中距 300mm×300mm 3. 基层：9mm 胶合板，规格 1220mm×2440mm×9mm 4. 木结构基层刷防火漆两遍 5. 面层刮腻子，刷白色 ICI 乳胶漆底漆两遍、面漆两遍	m^2	2.29
5	020302001002	顶棚吊顶 1. 吊顶形式：跌级式吊顶 2. U 型轻钢龙骨，中距 450mm×450mm 3. 基层：9mm 石膏板，规格 1220mm×2440mm×9mm 4. 面层刮腻子，刷白色 ICI 乳胶漆底漆两遍、面漆两遍	m^2	40.05
6	020406001001	金属推拉窗 1. 90 系列铝合金双扇带上亮推拉窗 2. 单樘尺寸：1960mm×2000mm 3. 铝材壁厚 1.2mm，5mm 厚平板玻璃	樘	3.00
7	020408002001	饰面夹板、塑料窗帘盒 1. 300mm×300mm 胶合板窗帘盒 2. 铝合金窗轨 $L=1000$mm 3. 胶合板刮腻子，刷白色 ICI 乳胶漆底漆两遍、面漆两遍	m	5.88
8	补 020408005001	百叶窗帘 PVC 垂直百叶帘	m^2	11.76
9	020409003001	石材窗台板 1. 进口西班牙米黄大理石窗台板 2. 石材磨边、抛光	m	5.88

（续）

序号	项目编码	项 目 名 称	计量单位	工程数量
10	粤 020401010001	木门扇 1. 门扇面积 1.79m^2 2. 木龙骨规格 32mm×35mm 3. 基层：4mm 胶合板，规格 1220mm×2440mm×4mm 4. 面层：红榉饰面板，规格 1220mm×2440mm×3mm 5. 饰面板漆片、叻架	m^2	1.79
11	020407006001	饰面夹板筒子板 1. 基层：18mm 胶合板 2. 面层：红榉饰面板，规格 1220mm×2440mm×3mm 3. 饰面板漆片、叻架	m^2	0.81
12	020407004001	门窗木贴脸 50mm×20mm 榉木装饰凹线，凹线漆片、叻架	m^2	0.53
13	020509001001	墙纸裱糊 1. 墙面满挂油性腻子 2. 裱糊米色玉兰墙纸	m^2	46.34

5. 编制措施项目清单（见表 5-33）

表 5-33 措施项目清单

工程名称：某经理办公室装饰装修工程　　　　第　页共　页

序号	项 目 名 称	序号	项 目 名 称
1	安全防护、文明施工措施费部分	2.1	工程保险费
1.1	按系数计算的安全防护、文明施工措施项目	2.2	工程保修费
2	其他措施费部分	2.3	预算包干费

6. 编制其他项目清单（见表 5-34）

表 5-34 其他项目清单

工程名称：某经理办公室装饰装修工程　　　　第　页共　页

序号	项目名称
1	招标人部分
1.1	预留金

5.4.3 综合单价及工程量清单计价

5.4.3.1 综合单价的计算

本实例的综合单价的计算是根据工程量清单、《广东省装饰装修工程综合定额（2006年）》的消耗量指标编制的，人工单价调整为 43 元/工日，材料费及机械费、管理费均采用定额价，利润按人工费的 35% 计取，工程实际中应进行调整。现仅摘录一个分部分项工程清单的综合单价计算表（表 5-35）说明该工程综合单价的计算方法。

表 5-35　分部分项工程量清单综合单价计算表

工程名称：	某经理办公室装饰装修工程								计量单位：	m^2
项目编码：	020105006001								工程量：	3.38
项目名称：	木质踢脚线								综合单价：	175.54 元
序号	定额编号	工程内容	单位	数量	价格/元					小计/元
					人工费	材料费	机械费	管理费	利润	
1	B1-185	榉木饰面板踢脚线	$100m^2$	0.0338	1217.33	11678.63	15.61	130.30	426.07	13467.94
2	B8-24	踢脚线刷硝基清漆	$100m^2$	0.0277	2734.37	1050.39		243.96	957.03	4985.75
合价/元：										593.33

5.4.3.2　工程量清单计价

本实例的工程量清单计价的各项报表是根据该工程的工程量清单并参考《广东省装饰装修工程综合定额（2006 年）》编制而成的，具体报表内容见表 5-36～表 5-47。

表 5-36　封　面

某经理办公室装饰装修　工程

工程量清单报价表

投　标　人：广州××建筑装饰装修有限公司（单位签字盖章）

法定代表人：　李××　（签字盖章）

造价工程师及注册证号：　杨××　（签字盖执业专用章）

编制时间：　××××年××月××日

表 5-37　投标总价表

投　标　总　价

建设单位：　广州××公司

工程名称：　某经理办公室装饰装修

投标总价(小写)：　25324.56 元

（大写)：　两万伍仟两佰陆拾陆元柒角零分

投　标　人：　广州××建筑装饰装修有限公司　（单位签字盖章）

法定代表人：　李××　（签字盖执业专用章）

编 制 时 间：　××××年××月××日

表 5-38　工程项目总价表

工程名称：某经理办公室装饰装修工程　　　　第　页共　页

序号	单项工程名称	金额/元
1	某经理办公室装饰装修工程	25324.56
	合计	25324.56

表 5-39　单项工程费汇总表

工程名称：某经理办公室装饰装修工程　　　　第　页共　页

序号	单位工程名称	金额/元
1	某经理办公室装饰装修工程	25324.56
	合 计	25324.56

表 5-40　单位工程费汇总表

工程名称：某经理办公室装饰装修工程　　　　第　页共　页

序号	项 目 名 称	金额/元
1	分部分项工程量清单计价合计	21121.59
2	措施项目清单计价合计	1270.78
3	安全防护、文明施工措施项目费	528.04
4	其他措施项目费	742.74
5	其他项目清单计价合计	1000.00
6	规费	1097.10
7	不含税工程造价	24489.47
8	税金	835.09
9	含税工程造价	25324.56
	合 计	25324.56

表 5-41　分部分项工程量清单计价表

工程名称：某经理办公室装饰装修工程　　　　第　页共　页

序号	项目编号	项 目 名 称	计量单位	工程数量	金额/元	
					综合单价	合价
		分部工程				21121.59
1	020102002001	块料楼地面 1. 结合层：10mm 厚，1∶2 水泥砂浆 2. 面层：600mm×600mm，东鹏米黄色抛光砖、优质品 3. 白水泥浆擦缝	m^2	43.29	121.41	5255.84
2	020105006001	木质踢脚线 1. 120mm 高踢脚线 2. 基层：9mm 胶合板，规格 1220mm×2440mm×9mm 3. 面层：红榉饰面板，规格 1220mm×2440mm×3mm 4. 饰面板漆片、叻架	m^2	3.38	175.54	593.33
3	020208001001	柱面装饰 1. 木结构底，饰面胶合板包方柱 2. 木龙骨，9mm 胶合板 3. 面层：红榉饰面板，规格 1220mm×2440mm×3mm 4. 木结构基层刷防火漆两遍 5. 饰面板漆片、叻架	m^2	13.92	251.66	3503.11

（续）

序号	项目编号	项 目 名 称	计量单位	工程数量	金额/元	
					综合单价	合价
4	020302001001	顶棚吊顶 1. 吊顶形式：阶梯式吊顶 2. 木龙骨规格 25mm×40mm，中距 300mm×300mm 3. 基层：9mm 胶合板，规格 1220mm×2440mm×9mm 4. 木结构基层刷防火漆两遍 5. 面层刮腻子，刷白色 ICI 乳胶漆底漆两遍、面漆两遍	m^2	2.29	167.29	383.09
5	020302001002	顶棚吊顶 1. 吊顶形式：阶梯式吊顶 2. U 型轻钢龙骨，中距 450mm×450mm 3. 基层：9mm 石膏板，规格 1220mm×2440mm×9mm 4. 面层刮腻子，刷白色 ICI 乳胶漆底漆两遍、面漆两遍	m^2	40.05	125.32	5019.07
6	020406001001	金属推拉窗 1. 90 系列铝合金双扇带上亮推拉窗 2. 单樘尺寸：1960mm×2000mm 3. 铝材壁厚 1.2mm，5mm 厚平板玻璃	樘	3.00	1008.82	3026.46
7	020408002001	饰面夹板、塑料窗帘盒 1. 300mm×300mm 胶合板窗帘盒 2. 胶合板刮腻子，刷白色 ICI 乳胶漆底漆两遍、面漆两遍	m	5.88	71.41	419.89
8	补 020408005001	百叶窗帘 PVC 垂直百叶帘	m^2	11.76	24.85	292.24
9	020409003001	石材窗台板 1. 进口西班牙米黄大理石窗台板 2. 石材磨边、抛光	m	5.88	106.34	625.28
10	粤 020401010001	木门扇 1. 门扇面积 1.79m^2 2. 木龙骨规格 32mm×35mm 3. 基层：4mm 胶合板。规格 1220mm×2440mm×9mm 4. 面层：红榉饰面板。规格 1220mm×2440mm×3mm 5. 饰面板漆片、叻架	m^2	1.79	401.34	718.40

（续）

序号	项目编号	项 目 名 称	计量单位	工程数量	金额/元	
					综合单价	合价
11	020407006001	饰面夹板筒子板 1. 基层：18mm 胶合板 2. 面层：红榉饰面板，规格 1220mm × 2440mm × 3mm 3. 饰面板漆片、叻架	m^2	0.81	186.08	150.72
12	020407004001	门窗木贴脸 50mm × 20mm 榉木装饰凹线，凹线漆片、叻架	m^2	0.53	49.37	26.17
13	020509001001	墙纸裱糊 1. 墙面满挂油性腻子 2. 裱糊米色玉兰墙纸	m^2	46.34	23.91	1107.99
		合 计				21121.59

表 5-42 措施项目清单计价表

工程名称：某经理办公室装饰装修工程　　第　页共　页

序号	项 目 名 称	金额/元
1	安全防护、文明施工措施费部分	528.04
2	其他措施费部分	742.74
2.1	工程保险费	8.45
2.2	工程保修费	21.12
2.3	预算包干费	422.43
2.4	脚手架使用费	209.26
2.5	成品保护工程费	81.48
	合 计	1270.78

表 5-43 其他项目费计价表

工程名称：某经理办公室装饰装修工程　　第　页共　页

序号	名称及说明	金额/元
1	招标人部分	1000.00
1.1	预留金	1000.00
	合 计	1000.00

表 5-44 分部分项工程量清单综合单价分析表

工程名称：某经理办公室装饰装修工程

序号	项目编码	项目名称	工程内容	综合单价分析/元					综合单价
				人工费	材料费	机械使用费	管理费	利润	
1	020102002001	块料楼地面	600mm × 600mm 抛光砖地面	11.10	105.16	0.09	1.18	3.88	121.41 元/m^2
2	020105006001	木质踢脚线	榉木饰面板踢脚线	12.17	116.79	0.16	1.30	4.26	175.54 元/m^2
			踢脚线刷硝基清漆	22.41	8.61		2.00	7.84	

（续）

<table>
<tr><th rowspan="2">序号</th><th rowspan="2">项目编码</th><th rowspan="2">项目名称</th><th rowspan="2">工程内容</th><th colspan="5">综合单价分析/元</th><th rowspan="2">综合单价</th></tr>
<tr><th>人工费</th><th>材料费</th><th>机械使用费</th><th>管理费</th><th>利润</th></tr>
<tr><td rowspan="4">3</td><td rowspan="4">020208001001</td><td rowspan="4">板柱（梁）面装饰</td><td>包柱外饰面硝基清漆</td><td>23.71</td><td>9.11</td><td></td><td>2.12</td><td>8.30</td><td rowspan="4">251.66元/m²</td></tr>
<tr><td>包柱木龙骨刷防火漆两遍</td><td>2.67</td><td>2.47</td><td></td><td>0.24</td><td>0.94</td></tr>
<tr><td>包柱基层板面刷防火漆两遍</td><td>2.52</td><td>2.73</td><td></td><td>0.22</td><td>0.88</td></tr>
<tr><td>木龙骨胶合板基层榉木饰面板包方柱</td><td>20.70</td><td>165.65</td><td></td><td>2.17</td><td>7.24</td></tr>
<tr><td rowspan="4">4</td><td rowspan="4">020302001001</td><td rowspan="4">顶棚吊顶</td><td>方木顶棚龙骨</td><td>5.87</td><td>31.96</td><td></td><td>0.52</td><td>2.05</td><td rowspan="4">167.29元/m²</td></tr>
<tr><td>顶棚9mm胶合板基层</td><td>15.09</td><td>56.74</td><td></td><td>1.34</td><td>5.28</td></tr>
<tr><td>顶棚方木骨架（含基层板）刷防火漆两遍</td><td>4.96</td><td>4.14</td><td></td><td>0.44</td><td>1.73</td></tr>
<tr><td>顶棚胶合板面刷乳胶漆</td><td>11.20</td><td>21.00</td><td></td><td>1.00</td><td>3.92</td></tr>
<tr><td rowspan="3">5</td><td rowspan="3">020302001002</td><td rowspan="3">顶棚吊顶</td><td>U型轻钢顶棚龙骨</td><td>8.90</td><td>31.99</td><td>0.12</td><td>0.81</td><td>3.12</td><td rowspan="3">125.32元/m²</td></tr>
<tr><td>顶棚石膏板面层</td><td>5.48</td><td>46.25</td><td>0.00</td><td>0.49</td><td>1.92</td></tr>
<tr><td>顶棚石膏板面刷乳胶漆</td><td>9.49</td><td>12.60</td><td></td><td>0.85</td><td>3.32</td></tr>
<tr><td rowspan="2">6</td><td rowspan="2">020406001001</td><td rowspan="2">金属推拉窗</td><td>推拉窗带亮</td><td>43.37</td><td>146.71</td><td></td><td>3.76</td><td>15.18</td><td rowspan="2">1008.82元/樘</td></tr>
<tr><td>铝合金90系列双扇推拉窗带上亮</td><td></td><td>799.80</td><td></td><td>0.00</td><td></td></tr>
<tr><td rowspan="2">7</td><td rowspan="2">020408002001</td><td rowspan="2">饰面夹板、塑料窗帘盒</td><td>胶合板窗帘盒</td><td>4.60</td><td>47.94</td><td>0.05</td><td>0.41</td><td>1.61</td><td rowspan="2">71.41元/m</td></tr>
<tr><td>窗帘盒刷乳胶漆</td><td>5.07</td><td>9.51</td><td></td><td>0.45</td><td>1.78</td></tr>
<tr><td>8</td><td>补
020408005001</td><td>百叶窗帘</td><td>百叶窗帘</td><td>1.29</td><td>23.00</td><td></td><td>0.11</td><td>0.45</td><td>24.85元/m²</td></tr>
<tr><td rowspan="2">9</td><td rowspan="2">020409003001</td><td rowspan="2">石材窗台板</td><td>大理石窗台板</td><td>2.98</td><td>90.68</td><td>0.12</td><td>0.27</td><td>1.04</td><td rowspan="2">106.34元/m</td></tr>
<tr><td>窗台板磨边、抛光</td><td>7.74</td><td>0.25</td><td></td><td>0.55</td><td>2.71</td></tr>
<tr><td rowspan="2">10</td><td rowspan="2">粤
020401010001</td><td rowspan="2">木门扇</td><td>木骨架胶合板门扇制作</td><td>12.67</td><td>116.55</td><td>5.14</td><td>1.78</td><td>4.44</td><td rowspan="2">401.34元/m²</td></tr>
<tr><td>木骨架胶合板门扇安装</td><td>4.44</td><td>4.23</td><td></td><td>0.39</td><td>1.55</td></tr>
</table>

（续）

序号	项目编码	项目名称	工程内容	综合单价分析/元					综合单价
				人工费	材料费	机械使用费	管理费	利润	
10	粤 020401010001	木门扇	门面贴榉木饰面板	14.41	101.65		1.25	5.04	401.34 元/m^2
			木门刷硝基清漆	37.85	20.60		3.38	13.25	
			门面上机锣 5mm 宽凹线	2.33	0.15		0.22	0.82	
			门扇实木封边扁线	0.82	48.04		0.08	0.29	
11	020407006001	饰面夹板筒子板	门筒子板	10.26	130.73		0.89	3.59	186.08 元/m^2
			筒子板刷硝基清漆	22.28	8.56		1.99	7.80	
12	020407004001	门窗木贴脸	宽 50mm 的门实木贴脸	15.32	27.34		1.32	5.38	49.37 元/m^2
13	020509001001	墙纸裱糊	墙面贴墙纸	7.89	12.55		0.70	2.76	23.91 元/m^2

表 5-45　措施项目费分析表

工程名称：某经理办公室装饰装修工程　　　　第　页共　页

序号	措施项目名称	单位	数量	金额/元					
				人工费	材料费	机械使用费	管理费	利润	小计
1	脚手架使用费	元		112.28	48.68		9.00	39.30	209.26
2	成品保护工程费	元		18.61	55.00		1.35	6.52	81.48
	合　计			130.89	103.68	0.00	10.35	45.82	290.74

表 5-46　规费计算表

工程名称：某经理办公室装饰装修工程　　　　第　页共　页

序号	名 称	计算式	费率%	金额/元
1	社会保险费	(1+2+3)×3.31%	3.31	774.29
2	住房公积金	(1+2+3)×1.28%	1.28	299.42
3	工程定额测定费	(1+2+3)×0.10%	0.10	23.39
	合计:(大写)壹仟零玖拾柒元壹角			1097.10

表 5-47　主要材料价格表

工程名称：某经理办公室装饰装修工程　　　　第　页共　页

序号	材料编码	设备和材料名称、规格、型号等特殊要求	单位	单价/元
1	03010006	胶合板 δ9	m^2	34.55
2	03010012	胶合板 2440mm×1220mm×4mm	m^2	18.98
3	03010015	胶合板 2440mm×1220mm×9mm	m^2	42.23

（续）

序号	材料编码	设备和材料名称、规格、型号等特殊要求	单位	单价/元
4	03010018	胶合板 2440mm × 1220mm × 18mm	m^2	87.38
5	03010023	榉木胶合板	m^2	46.07
6	03010025	饰面胶合板 δ3	m^2	30.16
7	03002006	木枋 25mm × 40mm	m	1.38
8	03002007	凹枋 25mm × 40mm	m	1.36
9	03002017	杉木枋材	m^3	2202.43
10	03002018	松木板材	m^3	1318.58
11	03002023	硬木板材	m^3	2816.97
12	03009001	杉木门窗套料	m^3	2036.15
13	04001002	水泥 P. O32.5（R）	t	291.99
14	04002001	白水泥 P. O32.5（R）	t	559.03
15	06019003	抛光砖 600mm × 600mm	m^2	100.13
16	07001002	平板玻璃 δ5	m^2	17.35
17	10018001	石膏板	m^2	36.00
18	12012001	铝合金 90 系列双扇推拉窗带上亮	m^2	204.03
19	12046001	百叶窗帘	m^2	21.90
20	13005001	墙纸	m^2	8.64
21	39002067	天然石材	m^2	684.00
22	71020002	水泥砂浆 1∶2	m^3	199.18
23	71020003	水泥砂浆 1∶2.5	m^3	179.57
24	16001005	酚醛清漆（光油）	kg	8.62
25	16001009	硝基外用清漆（叻架）	kg	14.98

本章小结

工程量清单计价方法是由国家颁发的《建设工程工程量清单计价规范》（GB 50500—2003）来规范计价的办法。它具体是指在建设工程招标投标过程中，由招标人按照国家统一的工程量计算规则提供工程数量，由投标人依据工程量清单自主报价，并按照经评审后合理低价中标的工程造价计价方法。

工程量清单是表现拟建工程的分部分项工程项目、措施项目、项目名称和相应数量的明细清单。编制分部分项工程量清单应遵照统一的编码、统一项目名称、统一计量单位和统一的工程量计算规则等四个统一的原则进行。

工程量清单计价应包括按招标文件规定，完成工程量清单所列项目的全部费用，包括分部分项工程费、措施项目费、其他项目费和规费、税金。

工程量清单计价应采用综合单价计价。综合单价是指完成规定计量单位项目所需的人工费、材料费、机械使用费、管理费、利润，并考虑风险因素。

工程量清单和工程量清单计价均应采用统一的格式。

复习思考题

1. 简述工程量清单计价的含义。
2. 简述工程量清单计价与定额计价的差别。
3. 什么是工程量清单？工程量清单由哪些清单组成？

4. 简述工程量清单编制的原则和步骤。
5. 简述工程量清单的项目编码的含义。
6. 工程量清单计价包含哪些费用？
7. 什么是综合单价？简述其计算步骤。
8. 什么是预留金？
9. 什么是总承包服务费？
10. 什么是零星工作项目费？
11. 结合工程实际，完成某装饰工程的工程量清单及其计价的编制工作。

第6章　建筑装饰工程预算、结算审查与审核

学习目标：

1. 了解建筑装饰工程预算、结算审查与审核的含义和意义。
2. 掌握建筑装饰工程预算、结算审查与审核的原则和依据。
3. 掌握建筑装饰工程预算、结算审查与审核的形式和方法。
4. 掌握建筑装饰工程预算、结算审查与审核的内容和步骤。

学习重点：

1. 建筑装饰工程预算、结算审查与审核的形式和方法。
2. 建筑装饰工程预算、结算审查与审核的内容和步骤。

学习建议：

1. 学习建筑装饰工程预算、结算审查与审核的意义时，应了解装饰装饰预算、结算如果出现差错会造成的影响。
2. 应结合建筑装饰工程预算、结算审查与审核的方法来理解预算审查的原则。
3. 学习建筑装饰工程预算、结算审查与审核的形式时，应了解各种审查形式的优缺点。
4. 学习建筑装饰工程预算、结算审查与审核的方法时，应了解不同的审查方法的适用范围。
5. 根据建筑装饰工程预算、结算的全过程来了解其审查与审核的内容。

6.1　建筑装饰工程预算、结算审查与审核的含义

审查，主要是编制人员和编制单位的自审；审核，主要指授权单位及造价工程师的审定确认。建筑装饰工程预、结算只有经审查和审核后才具有合理性和合法性，才能得到正式的确认。

建筑装饰工程预、结算在编制过程中既涉及到工程计算规则的合理应用，又涉及到定额项目的正常使用或调整、换算使用等专业技术工作，由此存在编制工作复杂、环节多等诸多因素。往往会导致预、结算出现一些错误或弊病，进行建筑装饰工程预算、结算审查是消除这些错误或弊病的重要保证措施。

6.2　建筑装饰工程预算、结算审查与审核的意义

建筑装饰工程预、结算是确定建筑装饰工程造价的主要文件，也是建设单位（业主）确定招标工程标底以及施工单位参与工程投标报价的依据，同时也是施工企业与建设单位

（业主）签订工程施工承包合同和工程价款支付及结算的依据。因此，工程预算、结算是否准确，直接关系到双方的经济利益。加强对工程预、结算的审查，使预、结算能正确反映装饰工程造价，对控制、投资均有好处。

审查与审核装饰工程预算、结算是核实工程造价的一项具体措施，对提高预、结算的编制质量，及时发现预、结算中存在的问题，减少差错，切实保证施工企业合理收入和建设单位（业主）合理投资，都有重要意义。

审查与审核预算、结算的工作不仅要认真细致，而且还要正确贯彻执行国家和地方颁布的政策法令及规定，同时还要认真负责、实事求是、合理合法地从事审查工作。

6.3 建筑装饰工程预算、结算审查与审核的原则与依据

6.3.1 建筑装饰工程预算、结算审查与审核的原则

装饰工程预算、结算审查与审核过程应把握以下几项原则：

（1）工程量审查是整个工程预算或工程结算的重点审查部位，工程量的准确度会引起单位工程造价的较大变化。

（2）熟悉预算定额、费用定额、工程设计图样是保证工程预算或工程结算项目齐全的基本保证，也是对工程造价人员的基本要求。

（3）准确把握装饰材料价格的关口，也就把握了工程造价准确性的重要关口。

（4）各项费用的计算不但要遵循某些费用定额和有关文件的规定，而且还要进一步弄清为什么要计算或不计算某些费用的道理，从根本上把握住费用计算的基本方法，保证工程造价的准确性。

6.3.2 建筑装饰工程预算、结算审查与审核的依据

建筑装饰工程预算、结算审查与审核的依据主要有以下几个方面：

（1）国家和地方颁发的有关规定、文件等。

（2）承发包合同或协议书（包括工程量清单）。

（3）施工组织设计或施工方案。

（4）施工图纸和说明书。

（5）建筑装饰工程预算定额单价和取费文件等。

（6）其他有关资料和文件。

6.4 建筑装饰工程预算、结算审查与审核的形式和方法

6.4.1 建筑装饰工程预算、结算审查与审核的形式

根据装饰工程的规模的不同、结算方式的不同、施工工艺的复杂程度的不同等具体情况，可按以下形式审查与审核工程预算。

1. 单独审核 指建筑装饰工程预、结算编制好后，由施工企业自审，再交建设单位审

核的方式。

这种方式较灵活，不受各方约定时间的限制，是大多数情况下采用的方式，但不太容易解决疑难问题。

2. 会审 由建设单位（业主）、设计单位、施工单位和工程造价咨询单位或工程造价管理部门四方联合共同组成审查小组对建筑装饰工程预、结算进行会审。

这种方式人员集中，能展开充分讨论，审查的进度比较快，质量好。但参加的单位和人员较多，组织工作较麻烦。这种方式主要用于重点装饰项目、大规模装饰工程项目、专业技术比较复杂的项目、设计变更和施工变更多的项目、现场签证较多而无法进行单独审核的项目。

3. 委托审查 由建设单位（业主）委托具有审查资格的单位或咨询部门代为进行审查，有问题时进行协商解决。

这种审核方式的特点是审核结果具有权威性，主要适用于不具备联合审核、单独审核的条件的项目。

6.4.2 建筑装饰工程预算、结算审查与审核的方法

装饰工程预算、结算的审查方法有很多种，常见的方法有总面积法，定额项目分析法，难点项目审查、审核法，重点项目审查、审核法，指标分析法，全面审查、审核法等。不管采用何种方法审查，其思路只有一条：应该注意到编制工程预算或工程结算的各个环节都有可能出错。审查的重点应放在那些编制工程预算或工程结算过程中出错率比较高的内容或计算过程比较复杂、花费时较多、技术性较强的项目上。

1. 总面积法 建筑物的室内或室外装饰工程，都要计算装饰工程的建筑面积，而装饰工程的墙面面积、楼地面面积与建筑物建筑面积的关系极为密切。也就是说，尽管楼地面各个部位的装饰材料不同，但各个部位的装饰面积相加，一般都接近建筑面积。超过建筑物建筑面积或面积差距较大都是不正常现象。按照这一原理，可以较快地审查楼地面装饰、顶棚面装饰、内墙面装饰和外墙装饰工程量的准确性。

2. 定额项目分析法 定额项目分析法主要用于审查装饰工程项目是否重项或漏项。定额项目审查法的思路是当发现工程预算或工程结算中出现了装饰同一部位的两个或两个以上的项目时，就要根据该项目所对应的定额项目进行核对分析，如果有重复，那么就可以判断是重项。因此，熟悉预算定额是应用定额项目分析法的重要基础。

3. 难点项目审查、审核法 在装饰工程预算或工程结算中，有些部位的装饰工程量计算比较复杂。如使用花岗石板装饰造型变化较大的商场门面，由于凹凸面较多，几何造型多变，很难找准计算尺寸，计算式也较难列出。由于此类项目装饰材料单价高，所花费用多，所以要重点审查这些难点部位。基于上述思路，难点项目审查、审核法要达到准确计算装饰工程量，防止出现故意多算工程量，控制工程预算或工程结算“水分”的目的。

4. 重点项目审查、审核法 在装饰工程预算或工程结算项目中，总有少数几个项目是装饰工程造价的主要组成部分。如大面积楼地面装饰项目、铝合金门窗项目等所占工程造价费用的比例较大。如果采用抽查的方法审查工程预算或工程结算，那么这些重点项目就是重点审查、审核对象。另外，措施项目费、间接费、利润、税金等几项费用占整个造价的30%左右，故其计算过程、计算方法、费率取定等内容也是重点审查、审核对象。另外，也

可以用重点项目审查、审核法来审查装饰材料市场价格的发票或单据，以保证材料费计算的准确性。

5. 指标分析法 如果拟建装饰工程可以找到若干个已完工的类似装饰工程结算资料，那么就可以对类似工程的技术经济指标进行分析。通过每平方米建筑面积的装饰工程造价、平方米用工数量、平方米装饰材料耗用量等技术经济指标的对比分析来判断拟建装饰工程预算或工程结算的准确程度。

6. 全面审查、审核法 全面审查法实际上是根据工程设计图样、预算定额或消耗量定额、费用定额等有关资料重新编制装饰工程预算或工程结算的方法。该方法主要用于工程规模较少或审查精度要求高的装饰工程项目。全面审查法具有精度高、花费时间长、技术难度大等特点。

与前述几种方法相比，全面审查、审核法质量较高，由于是逐一重新计算工程量和费用，因而可以审查出用其他方法不易查出的问题，如在工程预算或工程结算编制中，个别编制人故意在每一个项目多算一点或少算一点，汇总后的数量就会有较大的变化，而这种变化只有通过全面审查法才能有效地解决问题。

6.5 建筑装饰工程预算、结算审查与审核的内容和步骤

6.5.1 建筑装饰工程预算、结算审查与审核的内容

建筑装饰工程预算、结算审查与审核的内容主要有以下几个方面：

6.5.1.1 审查工程量

工程量是建筑装饰工程预算的基础。工程量计算有误，影响整个预算造价。装饰工程量计量单位一般为 $1m^2$ 或 1m 等，而定额单价计量单位一般为 $10m^2$、$100m^2$ 或 10m、100m 等。在审查过程中，一是要审查工程量是否与相应定额项目的计量单位一致，二是要审查工程量计算方法是否与定额规定的计算方法相一致等。在执行工程量清单计价时，虽然建设单位所出具的工程量清单只是初步的，但也应严格遵守《计价规范》，如有过大的差错，也应在签订合同同时予以充分考虑。

6.5.1.2 审查定额项目单价套用

（1）审查预算表中所列项目名称、种类、规格、计量单位与预算定额单价表中所列的工程内容和项目内容是否一致。

（2）对换算单价，如定额规定不予换算的部分，不能强调工程特殊性随意换算。对定额规定允许换算部分，要审查其换算依据和方法是否符合规定。

（3）补充缺项定额单价，应审查其人工、材料消耗量及数量的来源。估算或暂定单价应基本接近市场价格，并要做到合理。

（4）审查材料单价。目前各地区都有统一的地区材料预算价格表，无需审查。对缺项补充的材料需要审查。材料预算价格组成包括：材料原价、供销部门手续费、运杂费、包装费和采购保管费五项。采用市场价格根据具体情况计算。

（5）在审查定额项目单价套用时，由于施工图样不明确，往往有存在套高定额项目的可能。如墙面贴墙纸、地面贴地面砖，施工图样可能没有明确材料品牌名、规格、型号等，

而定额项目内容也不明确，选套定额项目存在一定难度，审查时要特别注意。

6.5.1.3 审查其他直接费

重点审查其计取项目和费率标准如下：

1）审查费用项目是否应计取或遗漏。

2）审查应计取项目的计取方式是否符合规定。

3）审查计算费率标准是否符合规定。

6.5.1.4 审定间接费、利润和税金

主要工作为审查取费费用标准和依据，施工企业类别和取费计算基础，不同的费用，计算取费的基础也有所不同，如间接费以工程直接费为计取费用的基础，利润是以工程直接费和间接费之和为基础计取等。如果采用综合费率取费，多数以工程直接费为基础计取。

最后，审查预算编制说明是否真实反映预算中采用的文件和存在的问题。

6.5.2 建筑装饰工程预算、结算审查与审核的步骤

建筑装饰工程预算、结算审查与审核的步骤如下：

（1）熟悉送审预结算的资料文件、施工图样、承发包工程合同或协议书和施工组织设计或施工方案。

（2）深入施工现场，了解现场具体情况，如交通运输、材料堆放、施工环境和条件及工期要求等。

（3）进行具体的审查、计算、核对、记录工作。

（4）整理审查结果，与送审单位、设计单位和有关部门交换意见。

（5）审查定案。将经过多方审定认可的结果，由审查单位写成书面文件，送交有关部门。

本章小结

审查与审核装饰工程预结算是核实工程造价的一项具体措施，对提高预结算的编制质量，及时发现预结算中存在的问题，减少差错，切实保证施工企业合理收入和建设单位（业主）合理投资，都有重要意义。

建筑装饰工程预算、结算审查与审核的形式有单独审核、会审、委托审查等。

装饰工程预结算的审查方法有很多种，常见的方法有面积法、定额项目分析法、难点项目抽查法、重点项目抽查法、指标分析法、全面审查法等。

建筑装饰工程预算、结算审查与审核的内容主要有审查工程量，审查定额项目单价套用，审查其他直接费，审定间接费、利润和税金等。

复习思考题

1. 建筑装饰工程预算、结算审查与审核有何意义？
2. 建筑装饰工程预算、结算审查与审核的原则有哪些？
3. 建筑装饰工程预算、结算审查与审核的形式有哪些？
4. 建筑装饰工程预算、结算审查与审核的方法有哪些？这些方法各有什么特点？
5. 建筑装饰工程预算、结算审查与审核的内容是什么？

第7章　建筑装饰工程招标与投标

学习目标：

1. 了解建筑装饰工程招标、投标的概念及其应用情况。
2. 掌握建筑装饰工程招标的方式。
3. 了解建筑装饰工程招标程序及招标文件内容。
4. 了解建筑装饰工程投标前的信息取得及处理分析、投标决策及一些投标技巧。
5. 掌握建筑装饰工程投标程序及内容。

学习重点：

1. 建筑装饰工程招投标的概念及招标的方式。
2. 建筑装饰工程招标程序及招标文件内容。
3. 建筑装饰工程投标前的信息取得及处理分析、投标决策及一些投标技巧。
4. 建筑装饰工程投标程序及内容。

学习建议：

1. 结合《中华人民共和国招标投标法》学习建筑装饰工程招标与投标。
2. 学习建筑装饰工程投标前的信息取得及处理分析、投标决策及投标技巧时，要注意各种方法的适应范围。
3. 结合建筑装饰工程招标程序学习建筑装饰工程投标程序。

7.1　建筑装饰工程招标

2000年1月1日，《中华人民共和国招标投标法》正式施行。建设部于2001年6月颁布了《房屋建筑和市政基础设施施工招标投标管理办法》。在这个管理办法中规定：房屋建筑和市政基础设施工程施工单项合同估算价在200万元人民币以上，或者项目总投资在3000万元人民币以上的，必须进行招标。

7.1.1　建筑装饰工程招标的概念

建筑装饰工程招标是指招标人在发包建设项目之前，公开招标，邀请投标人根据招标人的意图和要求提出报价，招标人从中择优选定中标人的一种经济活动。

7.1.2　建筑装饰工程招标的方式

招标分为公开招标和邀请招标。国家重点建设项目和各省、自治区、直辖市人民政府确定的地方重点建设项目，以及全部使用国有资金投资或者国有资金投资占控股或者主导地位的工程建设项目，应当公开招标。

公开招标是指招标人以招标公告的方式邀请不特定的法人或者其他组织投标。公开招标应当发布招标公告。

邀请招标是指招标人以投标邀请书的方式邀请特定的法人或者其他经济组织投标。

7.1.3 建筑装饰工程招标程序

（1）招标单位组建一个招标工作机构，或者委托工程建设项目招标代理业务的招标代理机构代理招标；招标代理机构是依法设立的从事招标代理业务并提供相关服务的社会中介组织。

（2）向政府招标投标办事机构提出招标申请书。

（3）编制招标文件和标底，并呈报审批。

（4）发出招标公告或发出投标邀请书。

（5）投标单位申请投标。

（6）对投标单位进行资质审查，并将审查结果通知各申请投标者。

（7）向合格的单位分发招标文件及有关技术资料。

（8）组织投标单位勘察现场，并对招标文件进行答疑。

（9）建立评标组织，制订评标、议标办法。

（10）召开招标会议，审查投标书。

（11）组织评标，决定中标单位。

（12）向中标单位发出中标通知书。

（13）招标单位与中标单位商签承包合同。

7.1.4 招标文件的内容

招标文件通常包括以下内容：

（1）投标人须知(包括投标须知前附表)。

（2）合同主要条款(包括通用条款和专用条款两部分)。

（3）投标文件格式。

（4）采用工程量清单招标的，应当提供工程量清单。

（5）工程规范和技术说明。

（6）设计图纸或图纸清单。

（7）评标标准和方法。

（8）投标辅助材料。

7.2 建筑装饰工程投标

7.2.1 建筑装饰工程投标的概念

建筑装饰工程投标是指有合法资格和能力的投标人根据招标条件，经过研究和估算，在指定期限内填写标书，提出报价的一种经济活动。

7.2.2 建筑装饰工程投标前的分析

建筑装饰工程投标前的分析内容包括投标信息的取得及分析、投标决策及要使用的投标技巧。

7.2.2.1 投标信息的取得及分析

投标是承包人在建筑装饰市场中的交易行为，具有较大的冒险性。一般情况下，国际上一流的承包人中标的概率也只有 10% ~20%，而且中标后要想实现利润也面临着种种风险因素。这就要求承包人必须获得尽量多的招标信息，并尽量详细掌握与项目实施有关的信息。随着市场竞争的日益激烈，如何取得信息，关系到承包商的生存和发展，信息竞争将成为承包商竞争的焦点。

1. 取得招标信息的主要途径

（1）通过招标广告或公告，发现投标目标，这是使用公开招标获得信息的方式。

（2）搞好公共关系，经常派业务人员深入各个单位和部门，广泛联系，收集信息。

（3）通过政府有关部门，如计委、建委、行业协会等部门，获得信息。

（4）通过咨询公司、监理公司、科研设计单位、各类技术开发公司等代理机构，获得信息。

（5）取得老客户的信任，从而承接后续工程。

（6）与国际大承包商建立广泛联系。

（7）利用有形的建筑交易市场的信息。

（8）通过社会知名人士的介绍。

2. 对招标中有关信息的分析

（1）发包人投资的可靠性，工程资金是否到位，必要时要取得对发包人资金的可靠性调查；建设项目是否已得到批准。

（2）发包人是否有与工程规模相适应的经济技术管理人员，有无工程管理的能力、合同管理经验、履约的状况；委托的监理(顾问)是否符合资质等级要求，以及监理的经验、能力和信誉。

（3）发包人或招标顾问是否有明显的授标倾向。

（4）投标项目的技术特点，如工程规模、施工条件、工期要求、是否有特殊技术要求等。

（5）投标项目的经济特点，如工程款的支付方式、外资工程外汇比例、预付款的比例、允许调价的因素和税收信息以及金融和保险的有关情况。

（6）本企业的投标条件和迫切性分析。

（7）进行投标竞争形式分析，如竞争对手的竞标积极性、对手的优势分析和投标动向等。

（8）本身对投标项目的优势分析，如与业主关系、自身资源是否充足、自身管理能力是否有优势、类似工程的承包经验及信誉、是否有技术特长及价格优势等。

（9）投标项目风险分析。

7.2.2.2 投标决策

投标决策是承包人经营决策的组成部分，指导投标全过程。影响投标决策的因素十分复杂，而且投标决策与承包人的经济效益紧密相关，所以必须及时、迅速、果断。投标决策包括以下内容：

1. 选择投标与否 承包人要决定是否参加某工程的投标，首先要考虑的是当前的经营状况和长远经营目标，其次要明确参加投标的目的，然后分析中标可能性的影响因素。

建筑装饰市场是买方市场，投标报价的竞争十分激烈，承包人选择投标与否的余地非常少，都或多或少地存在着经营状况不饱满的情况。一般情况下，只要接到发包人的投标邀请，承包人都应积极响应参加投标，这是因为：

（1）参加项目多，中标机会也就多。

（2）经常参加投标，在公众面前出现的机会也多，起到广告宣传的作用。

（3）通过参加投标，可积累经验，掌握市场行情，收集信息，了解竞争对手。

（4）承包人如果拒绝发包人的邀请，有可能导致以后失去获得邀请的机会。

2. 确定报价策略 投标时，承包人应根据自身的经营状况和经营目标，结合工程实际确定合理的报价策略。

（1）生存型策略：此投标报价以解决目前的生存危机为目标，争取中标而放弃各种利益。如承包人经营管理不善或其他原因导致所承包的项目减少。人员、设备出现闲置时，会导致本公司人心不稳，士气低落，还可能出现恶性循环，导致获得投标邀请的机会会越来越少。此时，承包人应以生存为重，采取不盈利甚至赔本也要中标的态度，只要能暂时生存下去，就有重来的机会。而且，在中标后还有机会通过加强管理及使用合理的策略挤出利润来。

（2）竞争型策略：此策略以竞争为手段，以开拓市场、低盈利为目标，在精确计算成本的基础上，充分研究竞争对手，以有竞争力的报价达到中标目的。承包人在以下几种情况下，应采用此策略：经营状况不景气，近期接到的投标邀请较少，竞争对手较强，试图打入新地区，开拓新的工程施工类型，项目风险小、施工工艺简单且工程量大，社会效益好的项目，附近有本企业其他正在施工的项目(此时一些资源可以共享)。

（3）盈利型策略：此策略以实现最佳盈利为目标，充分发挥自身优势，对效益较小的项目热情不高，对盈利大的项目充满自信。在以下几种情况下，应采取此策略：承包人在该地区已经打开局面，施工能力饱和，美誉度高，竞争对手少且竞争力不强，具有技术优势且对发包人有较强的名牌效应，投标目标主要是扩大影响，风险大的项目，为联合伙伴陪标的项目。这种情况下，能中标固然能得到最大利润，不能中标也不会觉得可惜。

7.2.2.3 投标技巧

投标技巧研究，实质上是在保证工程质量和工期的条件下，寻求一个好的投标报价的技巧的问题。承包人为了中标并获得最大的利润，投标前必须研究投标报价的技巧。常见的技巧有以下几种：

1. 不平衡报价 指在总价基本确定的前提下，如何调整内部各个子项的报价，使其不影响总报价，又能在中标后承包人可尽早收回垫支于工程中的资金和获得较好的经济效益。但要注意避免畸高畸低的现象，以免不能中标。通常不平衡报价有下列几种情况：

（1）对早期结算收回工程款的项目，如在进度计划中排在前面的项目的单价可以较高，以利资金周转，对后期项目单价可适当降低。

（2）估计今后工程量可能增加的项目，其单价可以提高。而工程量可能减少的项目，单价可以降低。

以上两点要综合考虑，对于工程量数量不确定的早期工程，如不可能完成工程量表中的数量，则不能盲目提高单价，要具体情况具体分析。

(3) 图样内容不明确或有错误，估计修改后工程量要增加的，其单价可提高，而工程内容不明确的，其单价可降低。

(4) 没有工程量只填报单价的项目，其单价宜高。

(5) 对于暂定项目，估计其实施可能性大时，可定高价。相反，如果该工程不一定实施，则可定低价。

2. 零星用工 一般可稍高于工程单价表中的工资单价。因为零星用工不属于承包有效合同总价范围，发生后实报实销，也可多获利。

3. 多方案报价法 多方案报价法是利用工程说明书或合同条款不够明确之处，以争取达到修改工程说明书和合同为目的的一种报价方法。工程说明书或合同条款有不够明确之处时，往往使承包人承担较大的风险。为了减少风险就必须扩大工程单价，增加“不可预见费”。但这样又会增加不能中标的可能。多方案报价就是为对付这种两难局面而出现的。其具体做法是在标书上报两种单价：一是按原工程说明书合同条款报一个价，二是加以注解，“如此处作某些改变时”则可降低多少费用，使报价成为最低，诱使发包人修改说明书和合同条款。当然，在中标后合同谈判中，也可以使用相反的方法。如向发包人说明，如果在某处增加多少工程款，本公司可以将此处的工程质量或效果提高一个等级等。但是，如果有规定，如政府工程的合同方案是不容许改动的，就不能使用这种方法。

7.2.3 建筑装饰工程投标程序及内容

7.2.3.1 成立投标工作机构，报名投标

投标工作机构通常由下列人员组成：

(1) 公司的总经济师或营业部门的经理或业务副经理作为主要负责人(决策人)。

(2) 总工程师或主任工程师负责施工方案、技术措施、进度计划等方面问题。

(3) 合同预算部门的主管人负责具体投标报价工作。

(4) 经营部门负责人负责竞标策略的制订及企业形象宣传和公关策划。

此外，材料部门负责提供材料行情、信息，会计部门提供本企业的工资、管理费等有关成本、资料，生产部门负责安排施工作业计划等。这些人员都是必不可少的参谋成员。

为了保守本企业对外投标报价的秘密，投标工作班子人员不宜过多，特别是最后决策的核心人员，以控制在企业总经济师、总工程师(或主任工程师)及经营决策部门负责人范围内为宜。

7.2.3.2 购取资格预审文件，办理资格审查

投标资格申请材料包括下列内容：

(1) 填报“资格预审申报资料表”。

(2) 提供施工业绩证明材料：提供近3年作为主要施工单位已完工和在建的所有工程性质及复杂程度与本工程类似的工程项目施工业绩资料。

(3) 提供关键人员的资历介绍材料：应提供本项目施工、管理所要求的有资历的合适人选和本项目施工所要求的基本人员、人员配备及机构设置。

（4）提交有关设备能力的介绍材料：应自有或能保证以其他方式（如租赁、新购等）拥有本项目施工所要求的关键设备、仪器，且应保证这些设备、仪器目前状况完好，安全能保证本项目合同施工的需要。

（5）提交财务状况报告：提交近3年经会计师事务所审计的财务年度报告。

（6）涉及诉讼史：应明确说明近3年内已完工和在建工程中是否涉及过任何诉讼或仲裁事件。

（7）提供证明、资料：提供以上各条的证明资料。

（8）实力和特长资料补充：将自认为有助于进一步说明本身实力和能力的资料以补充页的形式随申请书一道递交，如本公司的工程获奖证明或在某领域某方面的特别专长等，招标人在评估时会加以考虑。

以上资料须保证真实有效并在规定的截止时间内送交招标人签收，并及时提供招标人要求的对所递交资料的澄清或补充资料。否则将导致投标人的资格预审不予通过。

7.2.3.3 领取（或购买）招标文件，交投标保证金

投标保证金除现金外，可以是银行出具的银行保函、保兑支票、银行汇票或现金支票。其金额一般为投标总价的0.5%～2%，最高不超过80万元。投标保证金的有效期应超出投标有效期30天。

7.2.3.4 研究招标文件

建筑装饰企业通过资格审查，取得招标文件后，首要工作是仔细认真地研究招标文件，充分了解其内容和要求，以便安排投标工作的部署，并发现应提请招标方予以澄清的疑点。

7.2.3.5 勘察施工现场，调查工程环境

装饰工程施工是在土建施工的基础上进行的，故要勘察土建施工的质量情况。又因要同各专业设备系统工程如水、暖、电、烟感、喷淋等配合协调施工，各设备专业施工进度的情况，直接关系到装饰施工进场条件和装饰施工进度计划表的制定。另外还需了解的主要项目有：进入场地的道路，施工用水、用电、通信设施，北方地区冬季施工的供暖情况，一次搬运、垂直运输、材料堆放地、临时设施（加工车间、材料库、办公室、工人住房）情况。

而所谓的工程环境就是中标后工程施工的自然、经济和社会条件。这些条件是工程施工的制约或有利因素，必然影响工程成本，是投标单位报价时必须考虑的，所以在报价前应尽可能了解清楚。

7.2.3.6 确定投标策略

7.2.3.7 投标人应当按照招标文件的要求编制投标文件

投标文件应该对招标文件提出的实质性要求和条件做出响应，一般包括下列内容：投标函；投标报价；施工组织设计；有关投标人的资格及商务和行政文件。

7.2.3.8 投标文件的送达与修改

投标人应该在招标文件规定的截止时间前，将投标文件密封送达投标地点。招标人收到投标文件后，应当由投标人出具标明签收人和签收时间的凭证，在开标前，任何单位和个人不得开启投标文件。在截止时间后送达的投标文件，招标人应拒收。投标人在截止时间前可以修改、补充、替代或撤回已提交的投标文件，并书面通知招标人。补充、修改的内容为投标文件的组成部分。在提交投标文件后到招标文件规定的投标有效期终止之前，投标人不得补充、修改、替代或撤回其投标文件。投标人撤回投标文件的，其投标保证金将被没收。

本 章 小 结

建筑装饰工程招标是指招标人在发包建设项目之前，公开招标，邀请投标人根据招标人的意图和要求提出报价，招标人从中择优选定中标人的一种经济活动。招标分为公开招标和邀请招标。

建筑装饰工程投标前的分析内容包括投标信息的取得及分析、投标决策及要使用的投标技巧。

建筑装饰工程的招标与投标都须按规定的程序和相应的内容进行。

复习思考题

1. 建筑装饰工程招标的概念各是什么？招标的方式有哪些？
2. 建筑装饰工程招投标的程序各是什么？它们有什么异同之处？
3. 建筑装饰工程承包人如何获得投标信息？如何对招标信息进行分析？
4. 建筑装饰工程承包人如何进行投标决策？
5. 建筑装饰工程承包人常用的投标技巧有哪些？

第 8 章　装饰工程计价软件简介

学习目标：

1. 了解使用装饰工程计价软件的优点和特点。
2. 了解常用的工程造价软件。
3. 掌握本地区通用计价软件的使用。

学习重点：

1. 本地区通用计价软件的使用。

学习建议：

1. 结合工程造价计算实例，利用本地区通用的某计价软件，进行上机操作。

8.1 概述

8.1.1 计算机计算装饰工程造价的优点

无论是定额计价模式，还是工程量清单计价模式，在进行工程造价的计算和管理时，都要进行大量而繁杂的计算工作。手工计算的效率非常低，而且容易出错。为了提高工作效率、降低劳动强度、提高管理质量，工程计价的电算化、网络化是工程计价及工程造价管理的必然趋势。计算机计算装饰工程造价有下列优势：

（1）应用工程造价软件编制建筑装饰工程造价文件可确保建筑装饰工程造价文件的准确性。计算机作为一种现代化的管理工具，应用它提高管理工作效率、提高社会劳动生产力水平是人们的共同愿望。应用计算机编制工程造价文件，其结果的计算误差可降低到千分之零点几。

（2）应用计算机编制建筑装饰工程造价文件可大幅度提高工程造价文件的编制速度。由于工程造价文件编制过程中问题处理较为复杂，数字运算量大，采用手工编制一是易出差错，二是编制速度慢，难以适应目前经济建设工作对工程造价文件编制速度的要求，而应用计算机可提高造价文件编制速度几十倍，以保证造价文件编制工作的及时性。

（3）应用计算机编制建筑装饰工程造价文件，可有效地实现工程造价文件资料积累的方便性和计价行为的规范性。

（4）应用计算机编制建筑装饰工程造价文件可有效地实现建设单位与施工单位的工程资料文档管理的科学性和规范性。

8.1.2 装饰工程计价软件的特点

我国工程建设造价的电算化工作起步比较早，在这个领域的软件开发与应用方面的发展迅速。特别是建筑装饰工程工程量自动计算软件的成功开发，为实现工程造价编制完全自动化提供了可靠的条件。

由于工程设计施工图所使用软件及习惯做法不同，各地工程量清单计价办法的实施未能完全统一，造成软件的版本也较多，加之企业的计算机应用程度不一，因而目前各地大部分企业对中、小工程项目的工程量计算工作还是以手工计算为主。一般造价事务所还是采用以手工输入数据计算工程量。

建筑装饰工程计价软件的应用目前已日渐普遍。其主要特点表现在以下几个方面：

1. 适应性强 建筑装饰工程计价软件设计过程中，考虑到建筑装饰工程变化多、发展快的特点，加之装饰装修工程消耗量定额在不同地域和不同时期的应用具有一定的差别，所以计价软件系统中设置开放式接口，可任意接合内容，应用系统时可根据不同地域的消耗量定额和装饰工程材料价格的不同情况，任意重新录入、修改、补充或删除有关内容。

2. 兼容性好 目前国内许多软件开发公司开发的工程造价软件系统的兼容性都比较好。如：中国建筑科学研究院建筑工程软件研究所研发的“土建工程量计算”系统软件、北京广联达慧中软件技术有限公司开发的“钢筋自动抽样”系统软件、清华斯维尔三维可视化工程量智能计算软件等，均可以把工程设计施工图电子文档输入计算机，以供计价(系统)软件联合应用，达到完全自动计算工程造价的目的。

3. 使用方便 建筑装饰工程计价软件系统采用了与手工编制工程概预算相同的编制顺序，即工程数据录入→运算→输出，以适应人们的使用习惯。在造价编制过程中的数据处理方法上，系统充分利用计算机的优势，尽量避免同一词组与数据的重复录入，减少多次录入的操作时间。

在上机操作方式上，采用“菜单式”提示，上机操作人员能比较轻松地选择完成过程的操作步骤，使系统使用起来显得更加人性化。

4. 维护方便 建筑装饰工程预算软件系统为保证系统正常的运行状态，专门设置了相应的系统维护系统。一方面，系统设置“正确操作方法提示”和“错误命令拒绝措施提示”，同时还设置对原始数据(定额、价格表)的增加、修改、补充、删除等功能，使整个系统的维护极为方便。

8.1.3 常用装饰工程计价软件

当前计价软件的功能逐渐由地区性、单一性发展为综合性、网络化，形成适用于不同地区、不同专业的建设工程计价系统。表 8-1 所示为经过建设部标准定额研究所或省市工程造价管理部门审查并认证的工程计价软件。

目前，工程计价软件基本上分为定额计价软件和工程量清单计价软件两大类。定额计价软件一般采用数据库管理技术，主要由数据库管理软件平台、定额数据库、材料价格数据库、费用计算数据库等部分组成。在软件平台上选择不同的定额数据和材价数据，即可完成相应专业的定额预算编制工作。

工程量清单计价软件在定额计价软件的基础上，整合了清单引用规则，即根据计价规范的规定，把某一清单项目所包含的所有工作内容及其对应的定额子目整合在一起，使用时根据工程实际发生的工作内容进行选择即可。工程量清单计价软件对所引用的定额子目数据能方便地进行修改，并能随时把修改后的定额子目补充到定额数据库，形成企业内部定额。

表 8-1 常用的工程计价软件

序号	软件名称	软件开发单位
1	北京市建设工程工程量清单计价管理软件	北京市建设工程造价管理处 成都鹏业软件有限责任公司
2	纵横建设工程计价暨工程量清单计价软件	保定市纵横软件开发有限公司 河北建业科技发展有限公司
3	PKPM 工程量清单计价软件	中国建筑科学研究院建筑工程软件研究所
4	清单计价 BQ2006 软件	深圳市清华斯维尔软件科技有限公司
5	工程量清单报价管理软件	成都鹏业软件有限责任公司
6	湖北中建神机工程量清单计价系列软件	北京中建神机信息技术有限公司
7	“清单大师”建设工程工程量清单计价软件	广州易达建信科技开发有限公司
8	广联达清单计价系统 GBQ	北京广联达慧中软件技术有限公司
9	华微国标清单	广州华微明天软件技术有限公司
10	工程预结算 2006、工程量清单 2006	广州市殷雷软件有限公司

8.2 装饰工程计价软件示例

清华斯维尔清单计价软件，根据国家标准《建设工程工程量清单计价规范》(GB 50500—2008)及地方计价定额，由深圳市清华斯维尔软件科技有限公司研究、开发。该软件数据权威、格式标准，是清单计价“政府宏观调控、企业自主报价、市场确定价格”主旨的全面贯彻和准确体现。

8.2.1 软件的主要特点和主要功能

8.2.1.1 软件主要特点

由深圳市清华斯维尔软件科技有限公司研究、开发出来的清华斯维尔清单计价软件，具有以下几个特点：

(1) 与现行预算定额有机结合，既包含国家标准工程量清单，又同时能挂接全国各地区、各专业的社会基础定额库和企业定额库。

(2) 同时支持定额计价、综合计价、清单计价等多种计价方法，实现不同计价方法的快速转换。

(3) 提供二次开发功能，可由全国各地服务分支机构或企业，定制取费程序，设计报表，使产品更符合当地实际需求，或满足个别项目的招投标报价需要。

(4) 支持多文档、多窗体、多页面操作，能同时操作多个项目文件，不同项目文件之间可通过拖拽或“块操作”的方式实现项目数据的交换。

(5) 具有自动备份功能，打开项目文件前系统自动备份本项目文件，系统保留最后 8 次备份记录，即可恢复到项目文件打开倒数第 8 次操作前数据。

(6) 提供清单做法库(清单套价经验库:包含在清单套价历史中,某清单的项目特征、工作内容、套价定额、相关换算等信息)，预算编制过程中，可保存或使用清单做法库。

（7）多种数据录入方式，可录入最少的字符，智能生成相应的清单或定额编码，并自动判定相关联定额，提示选择输入。也可以通过查询等操作，从清单库、定额库、清单做法库、工料机库录入数据。

（8）提供多种换算操作，可视化的记录换算信息和换算标识，可追溯换算过程。

（9）提供“工料机批量换算”功能，可批量替换或修改多个定额子目的工料构成。

（10）提供系统设置功能，可设置预算编制操作界面、操作习惯，功能选项和相关标识。

（11）提供清单子目项目特征复制功能；可自定义三材分类，自动计算三材用量。

（12）可快速调整工程造价，并且提供取消调价功能，恢复至调整前价格。

（13）分部分项数据可按“章节顺序”和“录入顺序”切换显示方式；章节顺序：按“册、章、节、清单、定额”树型结构显示和输出分部分项数据；录入顺序：不显示“册、章、节”等数据，按录入顺序显示和输出分部分项数据。

（14）含简单构件工程量计算功能，可参照简单构件图形或借用系统函数，输入参数计算工程量。

（15）采用口令授权的方式，可以对项目文件设置口令，加强文件的保密性。

（16）用户补充的定额、清单、工料机子目可选择保存到补充库，修改后的取费文件、单价分析表、措施项目可另存为模板文件，供其他项目使用。

8.2.1.2 软件主要功能

1. 项目文件管理 按照多级目录结构组织和管理工程文件，同时实现工程文件的导入、导出、合并等功能。一个单位工程可设置多个取费文件，可借用不同专业定额。

2. 造价编制 用于编制工程造价，实现换算、输出报表等功能。其具体包括工程属性、项目计价(由“实体项目”、“措施项目”、“其他项目”和“零星项目”组成)、工料机汇总、取费文件、文档管理和报表打印等功能模块。

3. 含国家标准工程量清单 它能挂接全国各地区、各专业定额库，参与工程量清单定价，同时支持定额计价、综合计价等多种计价方法，实现不同计价方法的快速转换。提供清单作法库，预算编制过程中，可保存或使用清单作法库。

4. 含建设项目管理功能 按“建设项目”、“单项工程”、“单位工程”三级结构管理工程文件。

5. 系统设置 可设置预算编制操作界面、操作习惯，以及功能选项和相关标识。

6. 造价审核 用于工程造价的审核，可智能对比造价计算书中的清单、定额、工料机、费用子目的数量及各项价格，并按照指定条件进行过滤、差异分析，形成审核报表。可快速调整工程造价，并且提供取消调价功能，恢复至调整前价格。

7. 数据维护 提供系统数据的维护功能，包括定额库、清单库、工料机库、清单作法库、取费程序等数据的维护功能，可导入 Excel 格式工程量清单。

8. 报表打印 提供报表文件分类管理，Word 文档编辑、报表设计、打印、输出到 Excel 格式文件等功能。

9. 提供二次开发功能 可由全国各地服务分支机构或企业，定制取费程序，设计报表，使产品更符合当地实际需求，或满足个别项目的招投报价需要。

10. 持多文档、多窗体、多页面操作 能同时操作多个项目文件，不同项目文件之间可通过拖拽或“块操作”的方式实现项目数据的交换。数据录入简单。

8.2.2 软件的使用简介

一般典型的定额计价模式下的操作步骤大致如下：新建项目文件→设置工程属性→录入项目定额数据→进行定额子目的换算→调整材料价格→费用的调整→预算书的输出。

一般清单计价模式下编制招标文件的操作步骤大致如下：新建项目文件→设置工程属性→录入实体项目清单数据(主要包括清单子目录入、项目特征编辑等)→编辑措施项目和其他项目数据→招标书的输出。

一般清单计价模式下编制投标文件的操作步骤大致如下：新建项目文件→设置工程属性→实体项目清单数据编辑(主要包括导入或录入清单子目、工作内容编辑等)→对实体项目清单项目进行构成编辑、计算等→措施项目和其他项目数据编辑计算→费用文件的调整→投标书的输出。

下面结合第4、5章中的某经理室装饰装修工程实例介绍有关应用清华斯维尔工程计价软件进行定额计价文件和工程量清单计价文件编制的具体方法和步骤。

8.2.2.1 定额计价文件编制的操作方法

1. 进入软件 系统自动检测加密狗后，进入用户登录界面，如图8-1所示。然后只需选择用户名称并输入正确的用户密码(注:首次登录,用户名和密码均为“admin”,用户名和密码区分大小写)，单击确定按钮，系统检测用户名和密码正确后，进入系统主界面，如图8-2所示，否则提示用户重新登录。

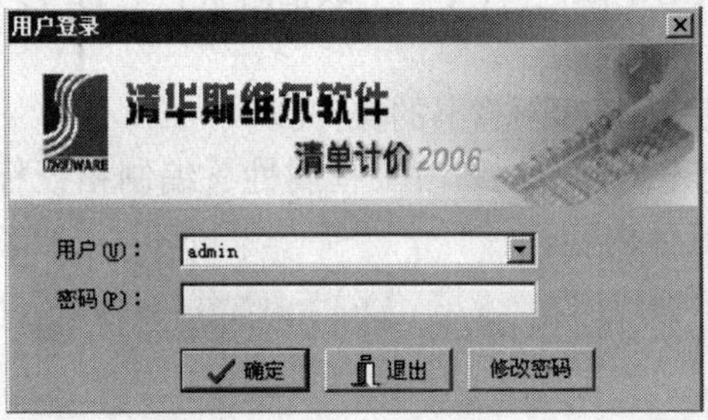

图8-1 用户登陆界面

图8-2 系统主界面

2. 新建预算书 在主菜单“文件”中，选择“新建预算书”或单击工具栏中□按钮，进入新建预算书窗口，按提示进行以下操作完成新建预算书。

步骤一：在工程名称栏，录入工程名称，如图8-3所示。

步骤二：在定额名称栏，点击【下拉】按钮，选择定额库。如图8-3所示，本例选择的是《广东省建筑装饰装修工程综合定额2006年》。

步骤三：在计价方法栏，点击【下拉】按钮，选择本次套价所采用的计价方法，如图8-3所示。本例选择的是定额计价。

步骤四：在取费文件栏，点击【下拉】按钮，在树型下拉列表中，选中所需的取费文件，双击鼠标或按回车键选择取费文件，系统会自动根据您选择的取费文件，设置专业类别、工程类别以及地区类别。本实例结果如图 8-3 所示。

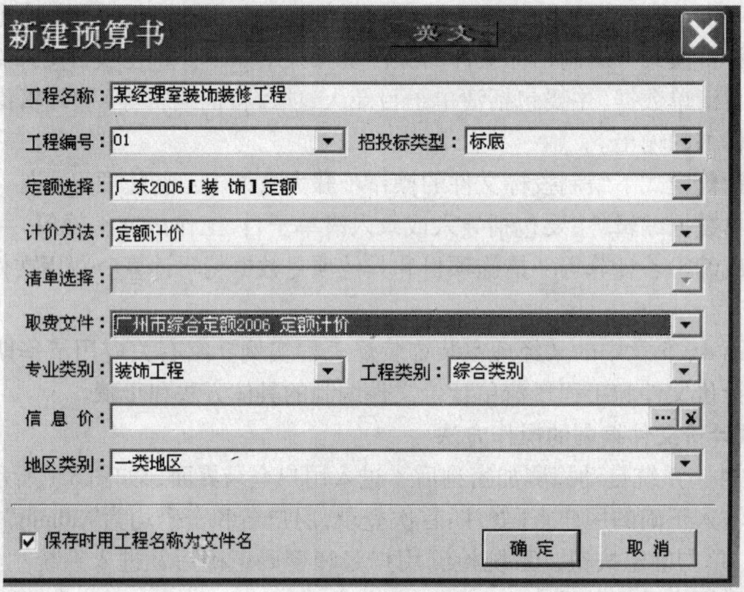

图 8-3　新建预算书界面

步骤五：如需要采用信息价，则可通过清华斯维尔网站下载专区下载信息价，进行导入使用即可。本例直接使用定额价。

设置完成工程各项信息后，点击【确定】按钮，完成新建预算书的操作。

3. 数据录入　在软件编制工程预、决算的全过程，包括：修改工程属性、编制招投标文件预算书、工料机汇总、取费计算、报表打印等具体内容。

这里我们主要介绍数据录入的方法。

（1）工程属性。在预算编制窗口的任务栏选择“工程属性”，进入工程属性编辑界面（如图 8-4 所示）。工程属性包括“基本属性”和“附加说明”两部分，点击工程属性树型列表相应节点，切换至相应属性编辑界面。

（2）分部分项。分部分项工程是工程的实体部分。只需按工程的分部分项将定额编码及工程量数据录入系统，软件能够自动

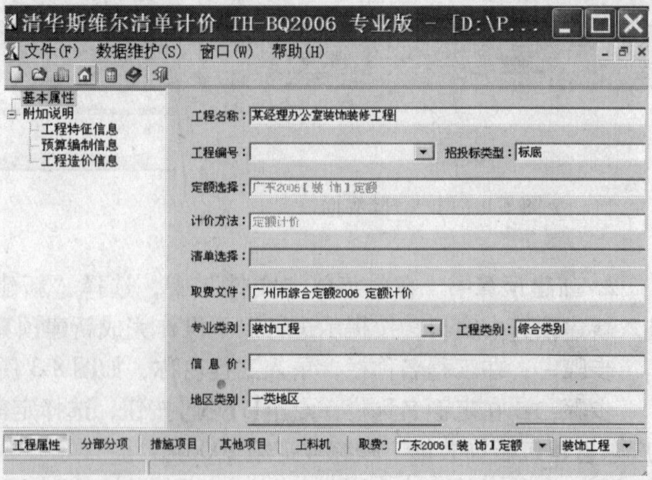

图 8-4　工程属性编辑界面

调用数据库中的数据信息，计算生成各种人、材、机及定额的价格。

1）主要界面功能。在预算编制窗口的任务栏选择“分部分项”，进入分部分项编辑界面，如图 8-5 所示。在分部分项编辑界面中，左上部为分部分项工程编辑窗口，左下部为子目工料机构成窗口，右侧为定额项目和工料机信息查询窗口。

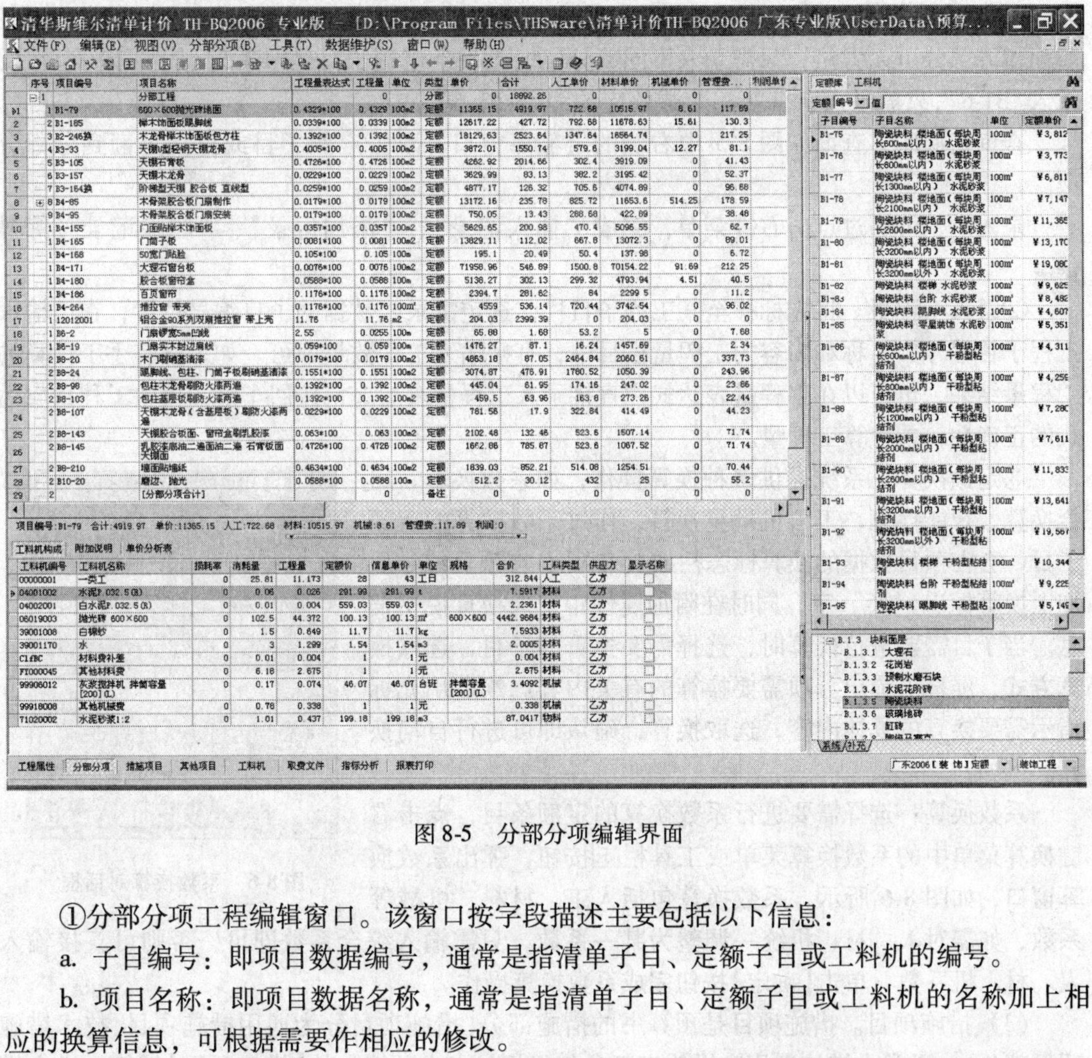

图 8-5 分部分项编辑界面

①分部分项工程编辑窗口。该窗口按字段描述主要包括以下信息：

a. 子目编号：即项目数据编号，通常是指清单子目、定额子目或工料机的编号。

b. 项目名称：即项目数据名称，通常是指清单子目、定额子目或工料机的名称加上相应的换算信息，可根据需要作相应的修改。

c. 工程量表达式：记录当前子目工程量的计算表达式，系统根据此表达式计算工程量。

d. 单位：指当前子目的计量单位。

e. 单价：（包括人、材、机、管理费用、利润单价），按照工料机构成或取费信息计算得到。定额计价模式下，即为定额子目的基价和人、材、机、管理费用。

f. 合价：（包括人、材、机、费用、利润合价），由工程量乘相应的单价得到。定额计价模式下，即为分部分项工程费。

②工料机构成窗口。此窗口显示的为定额子目的工料机消耗表，在此界面可实现定额子目的工料机换算，包括修改工料机消耗量、信息单价，添加、删除或替换工料机子目，改变工料机子目的供应方等。

2）项目数据的录入：

①录入定额。可使用以下几种操作方式，在预算书中录入定额子目，录入操作实际上是从定额库拷贝以下内容到预算书，包括：定额编码、单位、名称、单价，以及定额工料机构成、工作内容等数据。

定额编码录入法：在分部分项的“项目编号”列直接输入定额编码，按回车键。定额编码录入法，采用定额编码智能匹配规则，生成匹配的定额编码，录入时和上一条定额子目前面相同部分可以省略，只需录入不同部分(如:上一条定额子目是“B1-5”,假如下一条需要录入“B1-6”,只需录入字符“6”,生成相应的编码:B1-6)。

查询定额库：查询如图 8-5 中右侧的定额库窗口，双击定额子目或拖拽定额到分部分项。

录入时，可通过点击右键菜单，完成“插入记录”、“添加记录”、“删除记录”等操作。

②录入工程量。将光标移至某工程子目栏，选定需录入数据的子目编号位置，在已输入工程子目编号、名称和内容的工程量栏目中，直接输入工程数量即可。如果没有手工计算的工程量结果，也可以在工程量表达式栏直接录入工程量表达式，按回车键，校验工程量表达式的正确性，并计算工程量。

③定额换算。系统提供多种换算操作，如系数换算、组合换算、智能换算、工料机批量换算，作过系数换算的定额子目，会在项目数据的换算标志栏加上‘X’，在项目编号后加上换算标识“换”字，同时在附加属性中记录换算说明信息。当子目需要进行换算时，选择需要换算的子目，选取换算方式，屏幕上弹出分项需要换算的有关内容。然后用光标指示需要换算的具体内容，选取换算，确认即可进行自动换算。例如：

系数换算：选择需要进行系数换算的定额条目，点击右键换算菜单中的系数换算菜单或工具栏图按钮，弹出系数换算窗口，如图 8-6 所示，系数换算包括人工、材料、机械等系数，如需对人、材、机统一调整为某一系数，只需输入综合系数即可，否则可直接输入人、材、机系数，单击【确定】按钮完成系数换算操作。

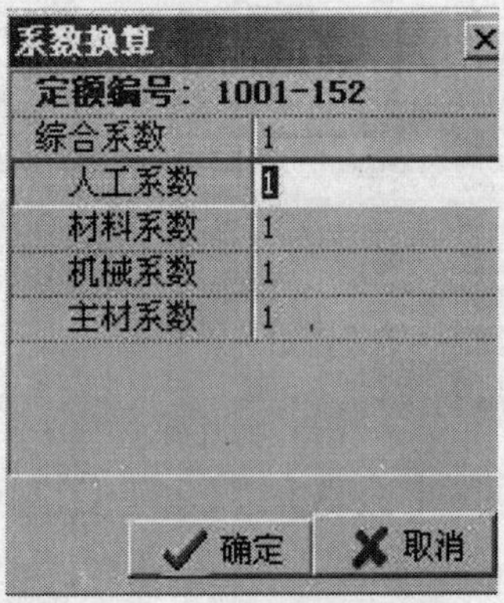

图 8-6　系数换算对话框

(3) 措施项目。措施项目是预算书的措施部分(措施项目分为通用措施项目、技术措施项目部分)，通常由措施费用和措施定额参与组价。点击预算书的【措施项目】按钮，进入措施项目编辑界面如图 8-7 所示，可直接录入措施费用和措施定额，以及措施费用表达式的编辑功能，操作说明可参照“分部分项”的相关操作。

(4) 其他项目。点击预算书的【其他项目】按钮，进入其他项目编辑界面，如图 8-8 所示。在此可直接填写各项费用或录入相关定额，操作说明可参照“分部分项”的相关操作。本例中只要输入预留金 1000 元。

(5) 工料机汇总。点击预算书的【工料机】按钮，进入工料机汇总界面，如图 8-9 所示。在此可以统一调整工料机的信息价格(本例中,将人工单价调整为 43 元/工日)，而且每一种材料都可以追溯到其相应的定额，同时也可得到主要材料汇总与三材汇总数据。当采用“定额计价”类别，在此修改信息单价，然后进行汇总后，系统将计算出相对应的材料价差。

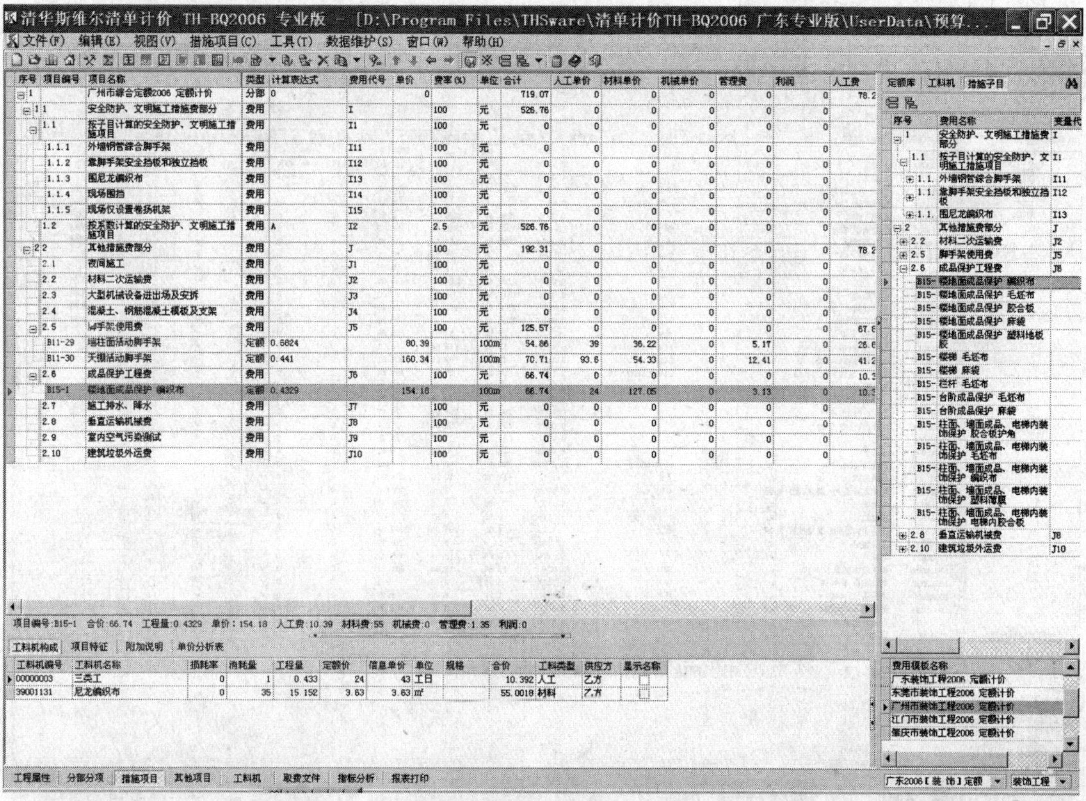

图 8-7 措施项目编辑界面

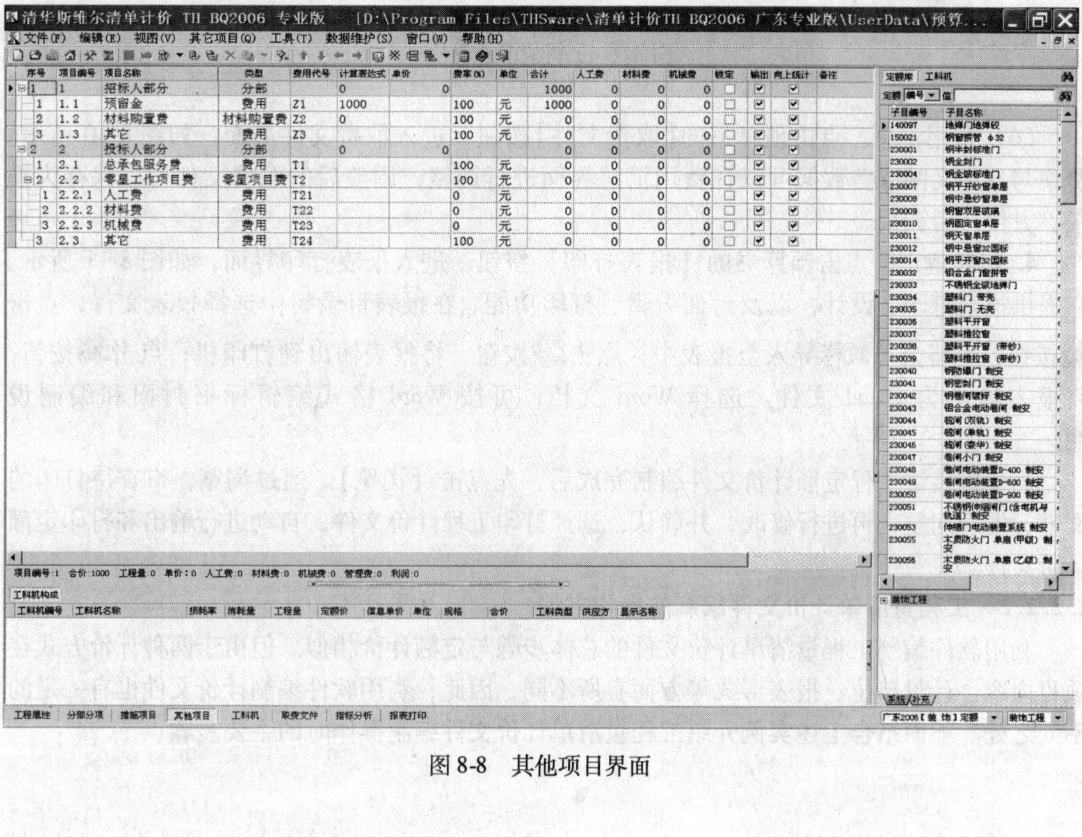

图 8-8 其他项目界面

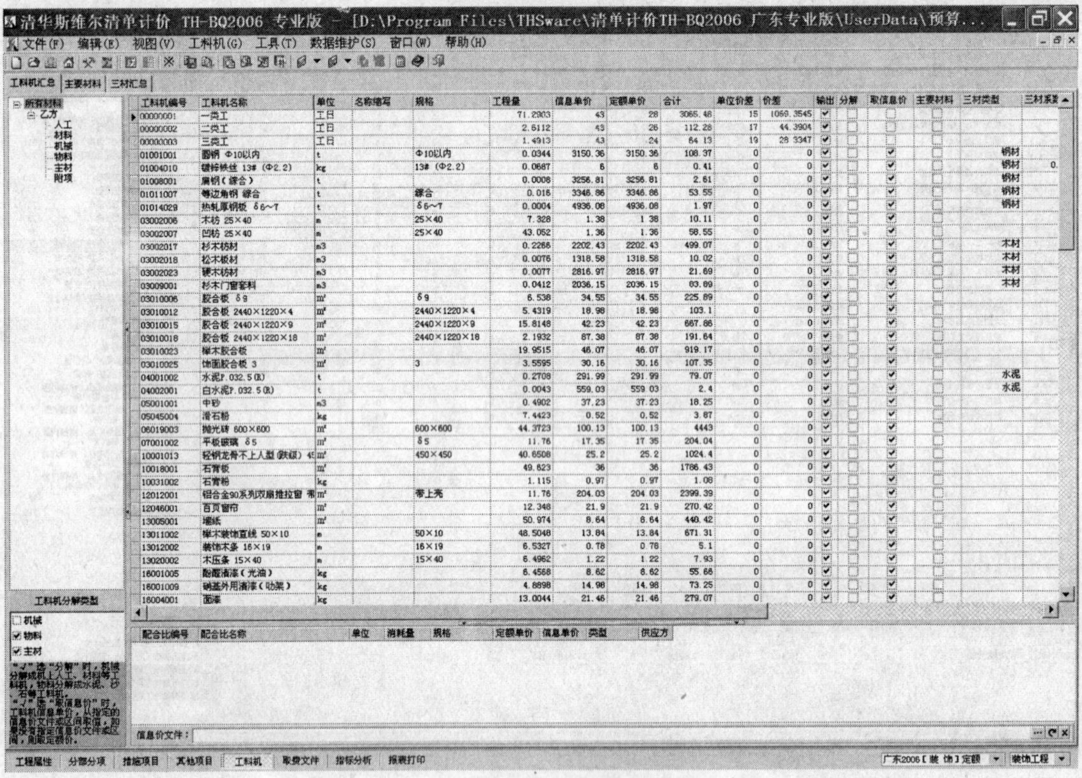

图 8-9 工料机汇总界面

(6) 费用汇总。点击预算书的【取费文件】按钮，进入取费文件界面，如图 8-10 所示。费率与自定义的取费数据可以在费用汇总界面进行调整，调整后的取费文件可以保存为模板，方便日后调用。

4. 报表输出 点击预算书的【报表打印】按钮，进入报表打印界面，如图 8-11 所示。它提供报表打印、设计，以及封面编辑、打印功能。在报表目录树中选择报表文件，点击按钮，可将公司徽标导入至报表中；点击按钮，将报表输出到打印机；点击按钮，将报表输出为 Excel 文件。选择 Word 文档，可按 Word 格式编辑标书封面和编制说明。

当建筑装饰工程定额计价文件编制完成后，先点击【浏览】。通过浏览，审查待打印的文件，发现问题，再进行修改，并确认；选择打印工程计价文件，自动进行输出和打印定额计价文件。

8.2.2.2 工程量清单计价文件编制的操作方法

利用软件编制工程量清单计价文件的总体步骤与定额计价相似。但由于两种计价方式在项目内容、计量单位、报表形式等方面有所不同，因此，利用软件编制计价文件也有一定的不同之处。下面结合上述实例介绍工程量清单计价文件编制操作时的主要步骤。

图 8-10 费用汇总界面

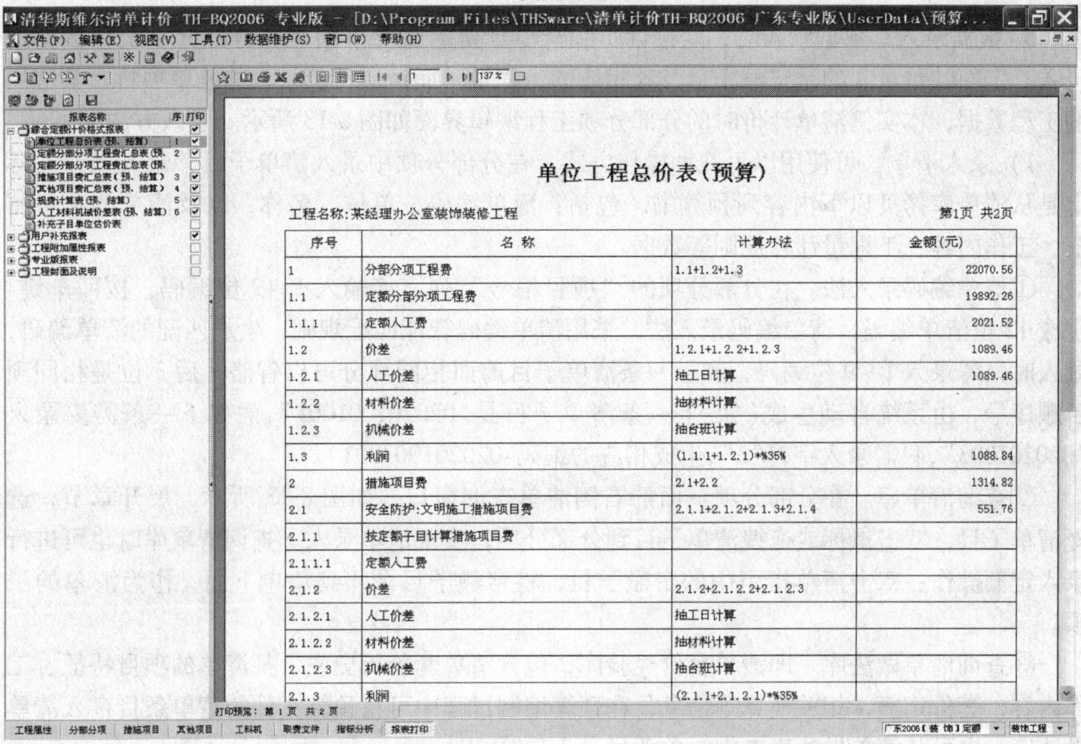

图 8-11 报表打印界面

1. 进入软件 方法与定额计价相同。

2. 新建预算书 当进入新建预算书窗口时，此时计价方法栏中应选择国标清单计价，取费文件栏，应选择广东省工程量清单计价，如图8-12所示。

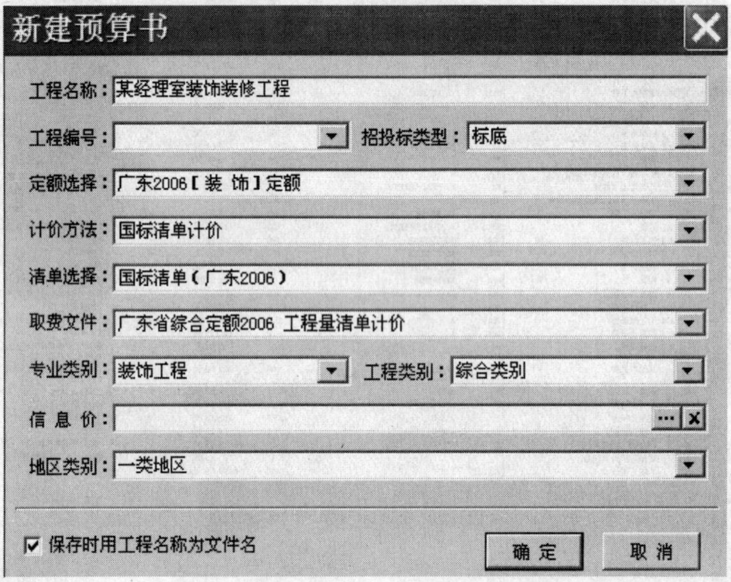

图8-12　清单计价时新建预算书界面

3. 数据录入 数据录入时，定额计价和清单计价的主要不同是在分部分项工程数据的录入。定额计价录入的是定额子目及其相应的工程量。而清单计价录入的是单项目及其应用的工程数据，本实例清单计价时的分部分项工程编辑界面如图8-13所示。录入方法如下：

1）录入清单。可使用以下几种操作方式，在分部分项中录入清单子目，录入操作实际上是从清单库拷贝以下内容到预算书，包括：清单编码、单位、名称，以及清单的项目特征、工作内容、工程量计算规则等数据。

①清单编码录入法。在分部分项的“项目编号”列直接输入1~9位编码，按回车键，生成12位清单编码。清单编码录入法，采用清单编码智能匹配规则，生成匹配的清单编码，录入时只需录入1~9位编码，和上一条清单子目前面相同部分可以省略，后3位是相同项目顺序号，由系统自动生成(如:上一条清单子目是“020201001001”,假如下一条需要录入“020201003”,只需录入字符“3”,生成相应的编码:020201003001)。

②查询清单库。在分部分项页面的右侧清单查询窗口，如图8-13所示，展开章节，选择清单子目，双击鼠标或拖拽清单子目到分部分项，实现清单录入。查询清单库时也可进行录入定额操作：双击清单指引中的定额子目，将定额子目录入到清单下面，作为清单的子项。

③查询清单做法库。即清单套价经验库，包含清单套价历史中，某清单的项目特征、工作内容，套价定额，相关换算等信息，在预算编制过程中可将预算文件的清单条目存入清单做法库，也可从清单做法库查询清单条目录入预算文件。

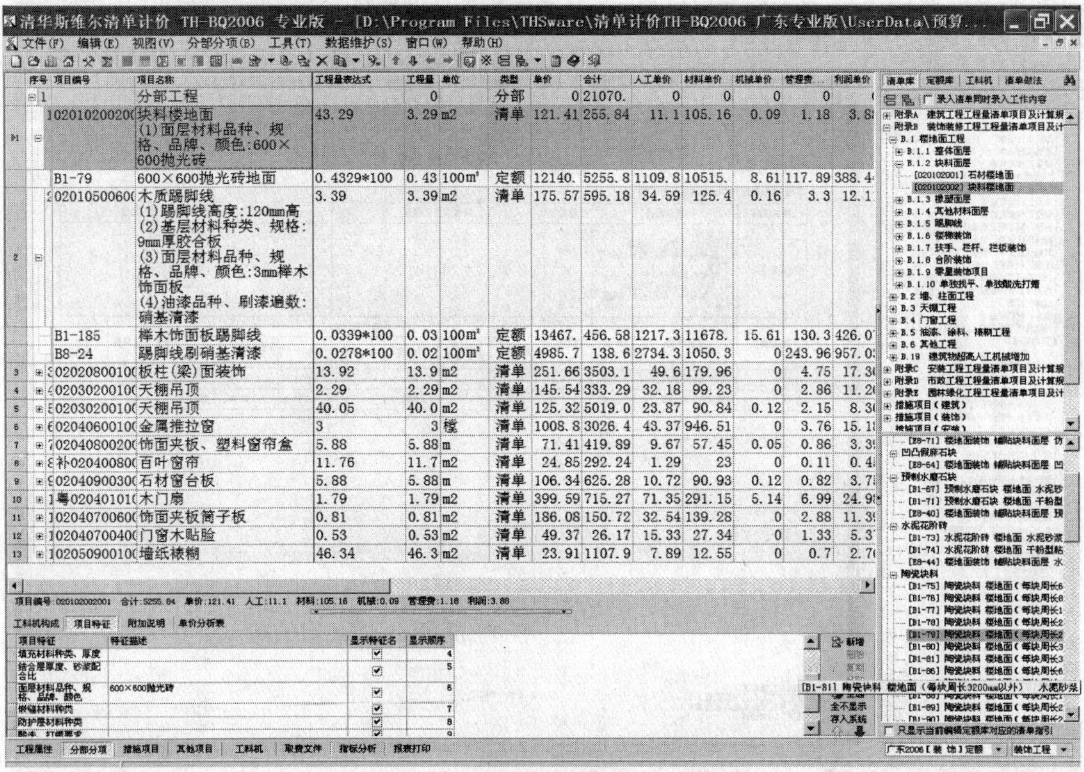

图 8-13　清单计价时分部分项编辑界面

选择清单做法子目，双击或拖拽子目到预算文件，将清单做法子目和包含的项目特征、工作内容、套价定额、换算等信息一并录入预算文件。

2）录入项目特征。按国标清单计价要求，必须详细说明清单子目的项目特征，选择子目构成中的“项目特征”页面，进入项目特征编辑界面，如图 8-14 所示。

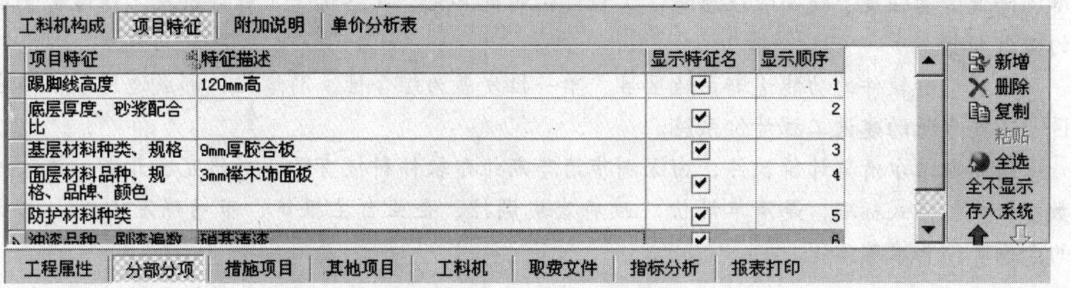

图 8-14　项目特征编辑界面

其他项目、工料机汇总和费用汇总等其他文件编制方法与定额计价时相似。

4. 报表打印　清单计价时报表打印操作要求与定额计价时相似，但软件通常提供多种格式的清单计价报表，因此要注意根据合同规定选择合理的报表。可在报表打印界面（如图 8-15 所示）中的右上角报表列表中，“✓”选报表，届时，将会按选择的先后顺序输出到打印机。

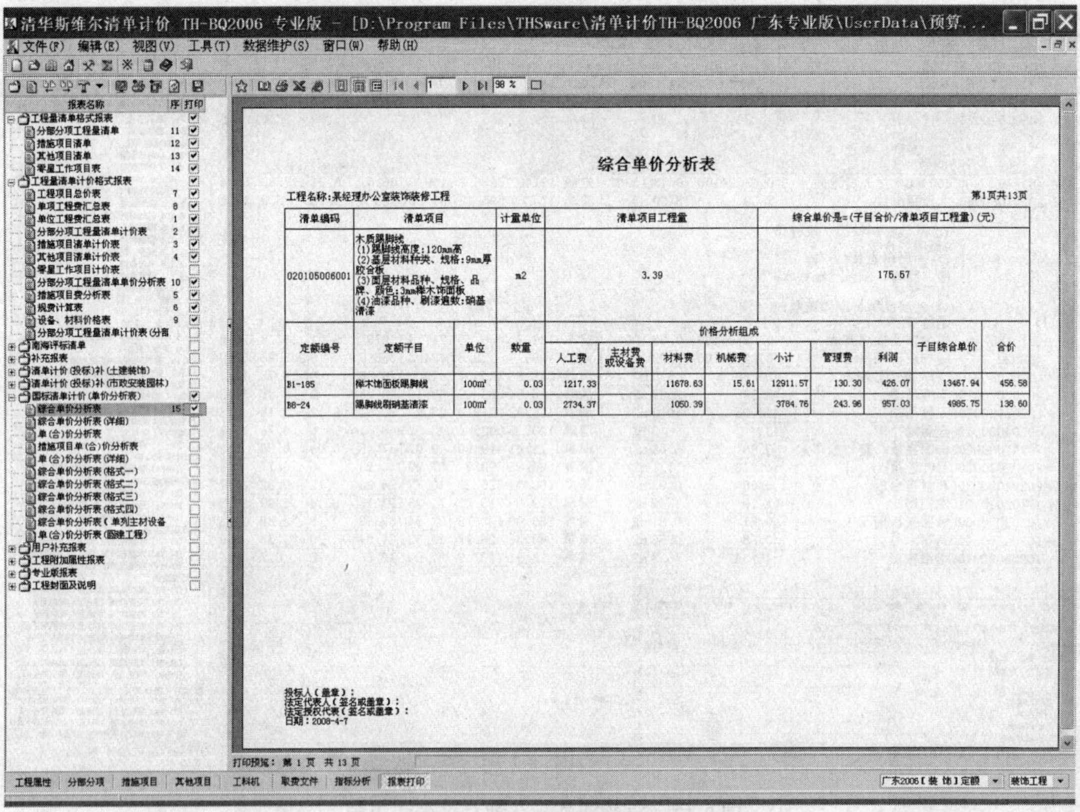

图 8-15 清单计价时报表打印界面

本 章 小 结

无论是定额计价模式，还是工程量清单计价模式，在进行工程造价的计算和管理时，都要进行大量而繁杂的计算工作。手工计算的效率非常低，而且容易出错。为了提高工作效率、降低劳动强度、提高管理质量，工程计价的电算化、网络化是工程计价及工程造价管理的必然趋势。

当前计价软件的功能逐渐由地区性、单一性发展为综合性、网络化，形成适用于不同地区、不同专业的建设工程计价系统。

清华斯维尔清单计价软件，由深圳市清华斯维尔软件科技有限公司研究、开发。该软件数据权威、格式标准，是清单计价“政府宏观调控、企业自主报价、市场确定价格”主旨的全面贯彻和准确体现。

复习思考题

1. 简述计算机计算装饰工程造价的优点。
2. 当前装饰工程计价软件有何特点？
3. 简述应用装饰工程计价软件编制装饰工程造价文件的基本步骤。
4. 进行市场调查，了解目前常用的计价类型，各有什么特点？
5. 应用计价软件进行上机操作、完成某装饰装修工程工程量清单和工程量清单计价文件的编制并打印相关报表。

附录 《建设工程工程量清单计价规范》(GB 50500—2008)的附录 B

装饰装修工程工程量清单项目及工程量计算规则

一、实体项目

B.1 楼地面工程

B.1.1 整体面层。工程量清单项目设置及工程量计算规则,应按表 B.1.1 的规定执行。

表 B.1.1 整体面层(编码:020101)

项目编码	项目名称	项目特征	计量单位	工程量计算规则	工程内容
020101001	水泥砂浆楼地面	1. 垫层材料种类、厚度 2. 找平层厚度、砂浆配合比 3. 防水层厚度、材料种类 4. 面层厚度、砂浆配合比	m^2	按设计图示尺寸以面积计算。扣除凸出地面构筑物、设备基础、室内管道、地沟等所占面积,不扣除间壁墙和 $0.3m^2$ 以内的柱、垛、附墙烟囱及孔洞所占面积。门洞、空圈、暖气包槽、壁龛的开口部分不增加面积	1. 基层清理 2. 垫层铺设 3. 抹找平层 4. 防水层铺设 5. 抹面层 6. 材料运输
020101002	现浇水磨石楼地面	1. 垫层材料种类、厚度 2. 找平层厚度、砂浆配合比 3. 防水层厚度、材料种类 4. 面层厚度、水泥石子浆配合比 5. 嵌条材料种类、规格 6. 石子种类、规格、颜色 7. 颜料种类、颜色 8. 图案要求 9. 磨光、酸洗、打蜡要求			1. 基层清理 2. 垫层铺设 3. 抹找平层 4. 防水层铺设 5. 面层铺设 6. 嵌缝条安装 7. 磨光、酸洗打蜡 8. 材料运输
020101003	细石混凝土楼地面	1. 垫层材料种类、厚度 2. 找平层厚度、砂浆配合比 3. 防水层厚度、材料种类 4. 面层厚度、混凝土强度等级			1. 基层清理 2. 垫层铺设 3. 抹找平层 4. 防水层铺设 5. 面层铺设 6. 材料运输
020101004	菱苦土楼地面	1. 垫层材料种类、厚度 2. 找平层厚度、砂浆配合比 3. 防水层厚度、材料种类 4. 面层厚度 5. 打蜡要求			1. 基层清理 2. 垫层铺设 3. 抹找平层 4. 防水层铺设 5. 面层铺设 6. 打蜡 7. 材料运输

B. 1. 2　块料面层。工程量清单项目设置及工程量计算规则，应按表 B. 1. 1 的规定执行。

表 B. 1. 2　块料面层（编码：020102）

项目编码	项目名称	项目特征	计量单位	工程量计算规则	工程内容
020102001	石材楼地面	1. 垫层材料种类、厚度 2. 找平层厚度、砂浆配合比 3. 防水层厚度、材料种类 4. 填充材料种类、厚度 5. 结合层厚度、砂浆配合比 6. 面层材料品种、规格、品牌、颜色 7. 嵌缝材料种类 8. 防护层材料种类 9. 酸洗、打蜡要求	m^2	按设计图示尺寸以面积计算。扣除凸出地面构筑物、设备基础、室内管道、地沟等所占面积，不扣除间壁墙和 0. 3m^2 以内的柱、垛、附墙烟囱及孔洞所占面积。门洞、空圈、暖气包槽、壁龛的开口部分不增加面积	1. 基层清理、铺设垫层、抹找平层 2. 防水层铺设、填充层铺设 3. 面层铺设 4. 嵌缝 5. 刷防护材料 6. 酸洗、打蜡 7. 材料运输
020102002	块料楼地面				

B. 1. 3　橡塑面层。工程量清单项目设置及工程量计算规则，应按表 B. 1. 3 的规定执行。

表 B. 1. 3　橡塑面层（编码：020103）

项目编码	项目名称	项目特征	计量单位	工程量计算规则	工程内容
020103001	橡胶板楼地面	1. 找平层厚度、砂浆配合比 2. 填充材料种类、厚度 3. 粘结层厚度、材料种类 4. 面层材料品种、规格、品牌、颜色 5. 压线条种类	m^2	按设计图示尺寸以面积计算。门洞、空圈、暖气包槽、壁龛的开口部分并入相应的工程量内	1. 基层清理、抹找平层 2. 铺设填充层 3. 面层铺贴 4. 压缝条装钉 5. 材料运输
020103002	橡胶卷材楼地面				
020103003	塑料板楼地面				
020103004	塑料卷材楼地面				

B. 1. 4　其他材料面层。工程量清单项目设置及工程量计算规则，应按表 B. 1. 4 的规定执行。

表 B. 1. 4　其他材料面层（编码：020104）

项目编码	项目名称	项目特征	计量单位	工程量计算规则	工程内容
020104001	楼地面地毯	1. 找平层厚度、砂浆配合比 2. 填充层材料种类、厚度 3. 面层材料品种、规格、品牌、颜色 4. 防护材料种类 5. 粘结材料种类 6. 压线条种类	m^2	按设计图示尺寸以面积计算。门洞、空圈、暖气包槽、壁龛的开口部分并入相应的工程量内	1. 基层清理、抹找平层 2. 铺设填充层 3. 面层铺贴 4. 刷防护材料 5. 装钉压条 6. 材料运输
020104002	竹木地板	1. 找平层厚度、砂浆配合比 2. 填充层材料种类、厚度 3. 龙骨材料种类、规格、铺设间距 4. 基层材料种类、规格 5. 面层材料品种、规格、品牌、颜色 6. 粘结材料种类 7. 防护材料种类 8. 油漆品种、刷漆遍数			1. 基层清理、抹找平层 2. 铺设填充层 3. 龙骨铺设 4. 铺贴基层 5. 面层铺贴 6. 刷防护材料 7. 材料运输

（续）

项目编码	项目名称	项目特征	计量单位	工程量计算规则	工程内容
020104003	防静电活动地板	1. 找平层厚度、砂浆配合比 2. 填充层材料种类、厚度 3. 支架高度、材料种类 4. 面层材料品种、规格、品牌、颜色 5. 防护材料种类	m^2	按设计图示尺寸以面积计算。门洞、空圈、暖气包槽、壁龛的开口部分并入相应的工程量内	1. 清理基层 2. 铺设基层 3. 固定支架安装 4. 活动面层安装 5. 刷防护材料 6. 材料运输
020104004	金属复合地板	1. 找平层厚度、砂浆配合比 2. 填充层材料种类、厚度 3. 龙骨材料种类、规格、铺设间距 4. 基层材料种类、规格 5. 面层材料品种、规格、品牌 6. 防护材料种类			1. 基层清理 2. 砂浆制作、运输 3. 抹找平层 4. 龙骨铺设 5. 基层铺设 6. 面层铺贴 7. 刷防护材料

B. 1. 5　踢脚线。工程量清单项目设置及工程量计算规则，应按表 B. 1. 5 的规定执行。

表 B. 1. 5　踢脚线（编码：020105）

项目编码	项目名称	项目特征	计量单位	工程量计算规则	工程内容
020105001	水泥砂浆踢脚线	1. 踢脚线高度 2. 底层厚度、砂浆配合比 3. 面层厚度、砂浆配合比	m^2	按设计图示长度乘高度以面积计算	1. 基层清理 2. 底层抹灰 3. 面层铺贴 4. 勾缝 5. 磨光、酸洗、打蜡 6. 刷防护材料 7. 材料运输
020105002	石材踢脚线	1. 踢脚线高度 2. 底层厚度、砂浆配合比 3. 粘贴层厚度、材料种类 4. 面层材料品种、规格、品牌、颜色 5. 勾缝材料种类 6. 防护材料种类			
020105003	块料踢脚线				
020105004	现浇水磨石踢脚线	1. 踢脚线高度 2. 底层厚度、砂浆配合比 3. 面层厚度、水泥石子浆配合比 4. 石子种类、规格、颜色 5. 颜料种类、颜色 6. 磨光、酸洗、打蜡要求			
020105005	塑料板踢脚线	1. 踢脚线高度 2. 底层厚度、砂浆配合比 3. 粘结层厚度、材料种类 4. 面层材料种类、规格、品牌、颜色			
020105006	木质踢脚线	1. 踢脚线高度 2. 底层厚度、砂浆配合比 3. 基层材料种类、规格 4. 面层材料品种、规格、品牌、颜色 5. 防护材料种类 6. 油漆品种、刷漆遍数			1. 基层清理 2. 底层抹灰 3. 基层铺贴 4. 面层铺贴 5. 刷防护材料 6. 油漆 7. 材料运输

（续）

项目编码	项目名称	项目特征	计量单位	工程量计算规则	工程内容
020105007	金属踢脚线	1. 踢脚线高度 2. 底层厚度、砂浆配合比 3. 基层材料种类、规格 4. 面层材料品种、规格、品牌、颜色 5. 防护材料种类 6. 油漆品种、刷漆遍数	m^2	按设计图示长度乘高度以面积计算	1. 基层清理 2. 底层抹灰 3. 基层铺贴 4. 面层铺贴 5. 刷防护材料 6. 油漆 7. 材料运输
020105008	防静电踢脚线	1. 踢脚线高度 2. 底层厚度、砂浆配合比 3. 基层材料种类、规格 4. 面层材料品种、规格、品牌、颜色 5. 防护材料种类 6. 油漆品种、刷漆遍数			

B.1.6 楼梯装饰。工程量清单项目设置及工程量计算规则，应按表 B.1.6 的规定执行。

表 B.1.6 踢脚线（编码：020106）

项目编码	项目名称	项目特征	计量单位	工程量计算规则	工程内容
020106001	石材楼梯面层	1. 找平层厚度、砂浆配合比 2. 贴结层厚度、材料种类 3. 面层材料品种、规格、品牌、颜色	m^2	按设计图示尺寸以楼梯（包括踏步、休息平台及500mm以内的楼梯井）水平投影面积计算。楼梯与楼地面相连时，算至梯口梁内侧边沿；无梯口梁者，算至最上一层踏步边沿加300mm	1. 基层清理 2. 抹找平层 3. 面层铺贴 4. 贴嵌防滑条 5. 勾缝 6. 刷防护材料 7. 酸洗、打蜡 8. 材料运输
020106002	块料楼梯面层	4. 防滑条材料种类、规格 5. 勾缝材料种类 6. 防护层材料种类 7. 酸洗、打蜡要求			
020106003	水泥砂浆楼梯面	1. 找平层厚度、砂浆配合比 2. 面层厚度、砂浆配合比 3. 防滑条材料种类、规格			1. 基层清理 2. 抹找平层 3. 面层铺贴 4. 抹防滑条 5. 材料运输
020106004	现浇水磨石楼梯面	1. 找平层厚度、砂浆配合比 2. 面层厚度、水泥石子浆配合比 3. 防滑条材料种类、规格 4. 石子种类、规格、颜色 5. 颜料种类、颜色 6. 磨光、酸洗打蜡要求			1. 基层清理 2. 抹找平层 3. 抹面层 4. 贴嵌防滑条 5. 磨光、酸洗、打蜡 6. 材料运输
020106005	地毯楼梯面	1. 基层种类 2. 找平层厚度、砂浆配合比 3. 面层材料品种、规格、品牌、颜色 4. 防护材料种类 5. 粘结材料种类 6. 固定配件材料种类、规格			1. 基层清理 2. 抹找平层 3. 铺贴面层 4. 固定配件安装 5. 刷防护材料 6. 材料运输

（续）

项目编码	项目名称	项目特征	计量单位	工程量计算规则	工程内容
020106006	木板楼梯面	1. 找平层厚度、砂浆配合比 2. 基层材料种类、规格 3. 面层材料品种、规格、品牌、颜色 4. 粘结材料种类 5. 防护材料种类 6. 油漆品种、刷漆遍数	m^2	按设计图示尺寸以楼梯（包括踏步、休息平台及500mm以内的楼梯井）水平投影面积计算。楼梯与楼地面相连时，算至梯口梁内侧边沿；无梯口梁者，算至最上一层踏步边沿加300mm	1. 基层清理 2. 抹找平层 3. 基层铺贴 4. 面层铺贴 5. 刷防护材料、油漆 6. 材料运输

B.1.7　扶手、栏杆、栏板装饰。工程量清单项目设置及工程量计算规则，应按表B.1.7的规定执行。

表B.1.7　扶手、栏杆、栏板装饰（编码：020107）

项目编码	项目名称	项目特征	计量单位	工程量计算规则	工程内容
020107001	金属扶手带栏杆、栏板	1. 扶手材料种类、规格、品牌、颜色 2. 栏杆材料种类、规格、品牌、颜色 3. 栏板材料种类、规格、品牌、颜色 4. 固定配件种类 5. 防护材料种类 6. 油漆品种、刷漆遍数	m	按设计图示以扶手中心线长度（包括弯头长度）计算	1. 制作 2. 运输 3. 安装 4. 刷防护材料 5. 油漆
020107002	硬木扶手带栏杆、栏板				
020107003	塑料扶手带栏杆、栏板				
020107004	金属靠墙扶手	1. 扶手材料种类、规格、品牌、颜色 2. 固定配件种类 3. 防护材料种类 4. 油漆品种、刷漆遍数			
020107005	硬木靠墙扶手				
020107006	塑料靠墙扶手				

B.1.8　台阶装饰。工程量清单项目设置及工程量计算规则，应按表B.1.8的规定执行。

表B.1.8　台阶装饰（编码：020108）

项目编码	项目名称	项目特征	计量单位	工程量计算规则	工程内容
020108001	石材台阶面	1. 垫层材料种类、厚度 2. 找平层厚度、砂浆配合比 3. 粘结层材料种类 4. 面层材料品种、规格、品牌、颜色 5. 勾缝材料种类 6. 防滑条材料种类、规格 7. 防护材料种类	m^2	按设计图示尺寸以台阶（包括最上层踏步边沿加300mm）水平投影面积计算	1. 基层清理 2. 铺设垫层 3. 抹找平层 4. 面层铺贴 5. 贴嵌防滑条 6. 勾缝 7. 刷防护材料 8. 材料运输
020108002	块料台阶面				
020108003	水泥砂浆台阶面	1. 垫层材料种类、厚度 2. 找平层厚度、砂浆配合比 3. 面层厚度、砂浆配合比 4. 防滑条材料种类			1. 基层清理 2. 铺设垫层 3. 抹找平层 4. 抹面层 5. 抹防滑条 6. 材料运输

（续）

项目编码	项目名称	项目特征	计量单位	工程量计算规则	工程内容
020108004	现浇水磨石台阶面	1. 垫层材料种类、厚度 2. 找平层厚度、砂浆配合比 3. 面层厚度、水泥石子浆配合比 4. 防滑条材料种类、规格 5. 石子种类、规格、颜色 6. 颜料种类、颜色 7. 磨光、酸洗、打蜡要求	m^2	按设计图示尺寸以台阶（包括最上层踏步边沿加 300mm）水平投影面积计算	1. 基层清理 2. 铺设垫层 3. 抹找平层 4. 抹面层 5. 嵌贴防滑条 6. 打磨、酸洗、打蜡 7. 材料运输
020108005	剁假石台阶面	1. 垫层材料种类、厚度 2. 找平层厚度、砂浆配合比 3. 面层厚度、砂浆配合比 4. 剁假石要求			1. 基层清理 2. 铺设垫层 3. 抹找平层 4. 抹面层 5. 剁假石 6. 材料运输

B. 1. 9　台阶装饰。工程量清单项目设置及工程量计算规则，应按表 B. 1. 9 的规定执行。

表 B. 1. 9　台阶装饰（编码：020109）

项目编码	项目名称	项目特征	计量单位	工程量计算规则	工程内容
020109001	石材零星项目	1. 工程部位 2. 找平层厚度、砂浆配合比 3. 贴结合层厚度、材料种类 4. 面层材料品种、规格、品牌、颜色 5. 勾缝材料种类 6. 防护材料种类 7. 酸洗、打蜡要求	m^2	按设计图示尺寸以面积计算	1. 清理基层 2. 抹找平层 3. 面层铺贴 4. 勾缝 5. 刷防护材料 6. 酸洗、打蜡 7. 材料运输
020109002	碎拼石材零星项目				
020109003	块料零星项目				
020109004	水泥砂浆零星项目	1. 工程部位 2. 找平层厚度、砂浆配合比 3. 面层厚度、砂浆厚度			1. 清理基层 2. 抹找平层 3. 抹面层 4. 材料运输

B. 1. 10　其他相关问题应按下列规定处理：

1. 楼梯、阳台、走廊及其他装饰性扶手、栏杆、栏板，应按 B. 1. 7 项目编码列项。

2. 楼梯、台阶侧面装饰，0. 5m^2 以内少量分散的楼地面装修，应按 B. 1. 9 项目编码列项。

B. 2　墙、柱面工程

B. 2. 1　墙面抹灰。工程量清单项目设置及工程量计算规则，应按表 B. 2. 1 的规定执行。

表 B. 2. 1　墙面抹灰（编码：020201）

项目编码	项目名称	项目特征	计量单位	工程量计算规则	工程内容
020201001	墙面一般抹灰	1. 墙体类型 2. 底层厚度、砂浆配合比 3. 面层厚度、砂浆配合比 4. 装饰面材料种类 5. 分格缝宽度、材料种类	m^2	按设计图示尺寸以面积计算。扣除墙裙、门窗洞口及单个 $0.3m^2$ 以外的孔洞面积，不扣除踢脚线、挂镜线和墙与构件交接处的面积，门窗洞口和孔洞的侧壁及顶面不增加面积。附墙柱、梁、垛、烟囱侧壁并入相应的墙面面积内	1. 基层清理 2. 砂浆制作、运输 3. 底层抹灰 4. 抹面层 5. 抹装饰面 6. 勾分格缝
020201002	墙面装饰抹灰				
020201003	墙面勾缝	1. 墙体类型 2. 勾缝类型 3. 勾缝材料种类		1. 外墙抹灰面积按外墙垂直投影面积计算 2. 外墙裙抹灰面积按其长度乘高度计算 3. 内墙抹灰面积按主墙间的净长乘高度计算 (1)无墙裙的，高度按室内楼地面至天棚底面计算 (2)有墙裙的，高度按墙裙顶至天棚底面计算 4. 内墙裙抹灰面按内墙净长乘高度计算	1. 基层清理 2. 砂浆制作、运输 3. 勾缝

B. 2. 2　柱面抹灰。工程量清单项目设置及工程量计算规则，应按表 B. 2. 2 的规定执行。

表 B. 2. 2　柱面抹灰（编码：020202）

项目编码	项目名称	项目特征	计量单位	工程量计算规则	工程内容
020202001	柱面一般抹灰	1. 柱体类型 2. 底层厚度、砂浆配合比 3. 面层厚度、砂浆配合比 4. 装饰面材料种类 5. 分格缝宽度、材料种类	m^2	按设计图示柱断面周长乘高度以面积计算	1. 基层清理 2. 砂浆制作、运输 3. 底层抹灰 4. 抹面层 5. 抹装饰面 6. 勾分格缝
020202002	柱面装饰抹灰				
020202003	柱面勾缝	1. 墙体类型 2. 勾缝类型 3. 勾缝材料种类			1. 基层清理 2. 砂浆制作、运输 3. 勾缝

B. 2. 3　零星抹灰。工程量清单项目设置及工程量计算规则，应按表 B. 2. 3 的规定执行。

表 B. 2. 3　零星抹灰（编码：020203）

项目编码	项目名称	项目特征	计量单位	工程量计算规则	工程内容
020203001	零星项目一般抹灰	1. 墙体类型 2. 底层厚度、砂浆配合比 3. 面层厚度、砂浆配合比 4. 装饰面材料种类 5. 分格缝宽度、材料种类	m^2	按设计图示尺寸以面积计算	1. 基层清理 2. 砂浆制作、运输 3. 底层抹灰 4. 抹面层 5. 抹装饰面 6. 勾分格缝
020203002	零星项目装饰抹灰				

B. 2. 4　墙面镶贴块料。工程量清单项目设置及工程量计算规则，应按表 B. 2. 4 的规定执行。

表 B. 2. 4　墙面镶贴块料（编码：020204）

项目编码	项目名称	项目特征	计量单位	工程量计算规则	工程内容
020204001	石材墙面	1. 墙体材料 2. 底层厚度、砂浆配合比 3. 贴结层厚度、材料种类 4. 挂贴方式 5. 干贴方式(膨胀螺栓、钢龙骨) 6. 面层材料品种、规格、品牌、颜色 7. 缝宽、嵌缝材料种类 8. 防护材料种类 9. 磨光、酸洗、打蜡要求	m^2	按设计图示尺寸以镶贴表面积计算	1. 基层清理 2. 砂浆制作、运输 3. 底层抹灰 4. 结合层铺贴 5. 面层铺贴 6. 面层挂贴 7. 面层干挂 8. 嵌缝 9. 刷防护材料 10. 磨光、酸洗、打蜡
020204002	碎拼石材墙面				
020204003	块料墙面				
020204004	干挂石材钢骨架	1. 骨架种类、规格 2. 油漆品种、刷油遍数	t	按设计图示以质量计算	1. 骨架制作、运输、安装 2. 骨架油漆

B. 2. 5　柱面镶贴块料。工程量清单项目设置及工程量计算规则，应按表 B. 2. 5 的规定执行。

表 B. 2. 5　柱面镶贴块料（编码：020205）

项目编码	项目名称	项目特征	计量单位	工程量计算规则	工程内容
020205001	石材柱面	1. 柱体材料 2. 柱截面类型、尺寸 3. 底层厚度、砂浆配合比 4. 粘结层厚度、材料种类 5. 挂贴方式 6. 干贴方式 7. 面层材料品种、规格、品牌、颜色 8. 缝宽、嵌缝材料种类 9. 防护材料种类 10. 磨光、酸洗、打蜡要求	m^2	按设计图示尺寸以镶贴表面积计算	1. 基层清理 2. 砂浆制作、运输 3. 底层抹灰 4. 结合层铺贴 5. 面层铺贴 6. 面层挂贴 7. 面层干挂 8. 嵌缝 9. 刷防护材料 10. 磨光、酸洗、打蜡
020205002	碎拼石材柱面				
020205003	块料柱面				
020205004	石材梁面	1. 底层厚度、砂浆配合比 2. 粘结层厚度、材料种类 3. 面层材料品种、规格、品牌、颜色 4. 缝宽、嵌缝材料种类 5. 防护材料种类 6. 磨光、酸洗、打蜡要求			1. 基层清理 2. 砂浆制作、运输 3. 底层抹灰 4. 结合层铺贴 5. 面层铺贴 6. 面层挂贴 7. 嵌缝 8. 刷防护材料 9. 磨光、酸洗、打蜡
020205005	块料梁面				

B. 2. 6　零星镶贴块料。工程量清单项目设置及工程量计算规则，应按表 B. 2. 6 的规定执行。

表 B. 2. 6　零星镶贴块料（编码：020206）

项目编码	项目名称	项目特征	计量单位	工程量计算规则	工程内容
020206001	石材零星项目	1. 柱、墙体材料 2. 底层厚度、砂浆配合比 3. 粘结层厚度、材料种类 4. 挂贴方式 5. 干挂方式 6. 面层材料品种、规格、品牌、颜色 7. 缝宽、嵌缝材料种类 8. 防护材料种类 9. 磨光、酸洗、打蜡要求	m^2	按设计图示尺寸以镶贴表面积计算	1. 基层清理 2. 砂浆制作、运输 3. 底层抹灰 4. 结合层铺贴 5. 面层铺贴 6. 面层挂贴 7. 面层干挂 8. 嵌缝 9. 刷防护材料 10. 磨光、酸洗、打蜡
020206002	拼碎石材零星项目				
020206003	块料零星项目				

B. 2. 7　墙饰面。工程量清单项目设置及工程量计算规则，应按表 B. 2. 7 的规定执行。

表 B. 2. 7　墙饰面（编码：020207）

项目编码	项目名称	项目特征	计量单位	工程量计算规则	工程内容
020207001	装饰板墙面	1. 墙体材料 2. 底层厚度、砂浆配合比 3. 龙骨材料种类、规格、中距 4. 隔离层材料种类、规格 5. 基层材料种类、规格 6. 面层材料品种、规格、品牌、颜色 7. 压条材料种类、规格 8. 防护材料种类 9. 油漆品种、刷油遍数	m^2	按设计图示墙净长乘净高以面积计算。扣除门窗洞口及单个 $0.3m^2$ 以上的孔洞所占面积	1. 基层清理 2. 砂浆制作、运输 3. 底层抹灰 4. 龙骨制作、运输、安装 5. 钉隔离层 6. 基层铺钉 7. 面层铺贴 8. 刷防护材料、油漆

B. 2. 8　柱（梁）饰面。工程量清单项目设置及工程量计算规则，应按表 B. 2. 8 的规定执行。

表 B. 2. 8　柱（梁）饰面（编码：020208）

项目编码	项目名称	项目特征	计量单位	工程量计算规则	工程内容
020208001	柱(梁)面装饰	1. 柱(梁)体材料 2. 底层厚度、砂浆配合比 3. 龙骨材料种类、规格、中距 4. 隔离层材料种类 5. 基层材料种类、规格 6. 面层材料品种、规格、品种、颜色 7. 压条材料种类、规格 8. 防护材料种类 9. 油漆品种、刷漆遍数	m^2	按设计图示饰面外围尺寸以面积计算。柱帽、柱墩并入相应柱饰面工程量内	1. 清理基层 2. 砂浆制作、运输 3. 底层抹灰 4. 龙骨制作、运输、安装 5. 钉隔离层 6. 基层铺钉 7. 面层铺贴 8. 刷防护材料、油漆

B. 2. 9　隔墙。工程量清单项目设置及工程量计算规则，应按表 B. 2. 9 的规定执行。

表 B. 2. 9　隔墙（编码：020209）

项目编码	项目名称	项目特征	计量单位	工程量计算规则	工程内容
020209001	隔断	1. 骨架、边框材料种类、规格 2. 隔板材料品种、规格、品牌、颜色 3. 嵌缝、塞口材料品种 4. 压条材料种类 5. 防护材料种类 6. 油漆品种、刷漆遍数	m^2	按设计图示框外围尺寸以面积计算。不扣除门窗所占面积；扣除单个 0.3m^2 以上的孔洞所占面积；浴厕侧门的材质与隔断相同时，门的面积并入隔断面积内	1. 骨架及边框制作、运输、安装 2. 隔板制作、运输、安装 3. 嵌缝、塞口 4. 装钉压条 5. 刷防护材料、油漆

B. 2. 10　幕墙。工程量清单项目设置及工程量计算规则，应按表 B. 2. 10 的规定执行。

表 B. 2. 10　幕墙（编码：0202010）

项目编码	项目名称	项目特征	计量单位	工程量计算规则	工程内容
020210001	带骨架幕墙	1. 骨架材料种类、规格、中距 2. 面层材料品种、规格、品种、颜色 3. 面层固定方式 4. 嵌缝、塞口材料种类	m^2	按设计图示框外围尺寸以面积计算。与幕墙同种材质的窗所占面积不扣除	1. 骨架制作、运输、安装 2. 面层安装 3. 嵌缝、塞口 4. 清洗
020210002	全玻幕墙	1. 玻璃品种、规格、品牌、颜色 2. 粘结塞口材料种类 3. 固定方式	m^2	按设计图示尺寸以面积计算。带肋全玻幕墙按展开面积计算	1. 幕墙安装 2. 嵌缝、塞口 3. 清洗

B. 2. 11　其他相关问题应按下列规定处理：

1. 石灰砂浆、水泥砂浆、水泥混合砂浆、聚合物水泥砂浆、麻刀石灰、纸筋石灰、石灰膏等的抹灰应按 B. 2. 1 中一般抹灰项目编码列项；水刷石、斩假石(剁斧石、剁假石)、干粘石、假面砖等的抹灰应按 B. 2. 2 中装饰抹灰项目编码列项。

2. 0. 5m^2 以内少量分散的抹灰和镶贴块料面层，应按 B. 2. 1 和 B. 2. 2 中相关项目编码列项。

B. 3　顶棚工程

B. 3. 1　顶棚抹灰。工程量清单项目设置及工程量计算规则，应按表 B. 3. 1 的规定执行。

表 B. 3. 1　顶棚抹灰（编码：020301）

项目编码	项目名称	项目特征	计量单位	工程量计算规则	工程内容
020301001	顶棚抹灰	1. 基层类型 2. 抹灰厚度、材料种类 3. 装饰线道数 4. 砂浆配合比	m^2	按设计图示尺寸以面积计算。不扣除间壁墙、垛、柱、附墙烟囱、检查口和管道所占面积，带梁顶棚，梁两侧抹灰面积并入顶棚面积内，板式楼梯底面抹灰按斜面积计算，锯齿形楼梯底板抹灰按展开面积计算	1. 基层清理 2. 底层抹灰 3. 抹面层 4. 抹装饰线条

B.3.2　顶棚吊顶。工程量清单项目设置及工程量计算规则，应按表 B.3.2 的规定执行。

表 B.3.2　顶棚吊顶（编码：020302）

<table>
<tr><th>项目编码</th><th>项目名称</th><th>项目特征</th><th>计量单位</th><th>工程量计算规则</th><th>工程内容</th></tr>
<tr><td>020302001</td><td>顶棚吊顶</td><td>1. 吊顶形式
2. 龙骨材料种类、规格、中距
3. 基层材料种类、规格
4. 面层材料品种、规格、品牌、颜色
5. 压条材料种类、规格
6. 嵌缝材料种类
7. 防护材料种类
8. 油漆品种、刷漆遍数</td><td rowspan="6">m^2</td><td>按设计图示尺寸以水平投影面积计算。顶棚面中的灯槽及跌级、锯齿形、吊挂式、藻井式顶棚面积不展开计算。不扣除间壁墙、检查口、附墙烟囱、柱垛和管道所占面积，扣除单个 $0.3m^2$ 以外的孔洞、独立柱及与顶棚相连的窗帘盒所占的面积</td><td>1. 基层清理
2. 龙骨安装
3. 基层板铺贴
4. 面层铺贴
5. 嵌缝
6. 刷防护材料、油漆</td></tr>
<tr><td>020302002</td><td>格栅吊顶</td><td>1. 龙骨材料种类、规格、中距
2. 基层材料种类、规格
3. 面层材料品种、规格、品牌、颜色
4. 防护材料种类
5. 油漆品种、刷漆遍数</td><td rowspan="5">按设计图示尺寸以水平投影面积计算</td><td>1. 基层清理
2. 底层抹灰
3. 安装龙骨
4. 基层板铺贴
5. 面层铺贴
6. 刷防护材料、油漆</td></tr>
<tr><td>020302003</td><td>吊筒吊顶</td><td>1. 底层厚度、砂浆配合比
2. 吊筒形状、规格、颜色、材料种类
3. 防护材料种类
4. 油漆品种、刷漆遍数</td><td>1. 基层清理
2. 底面抹灰
3. 吊筒安装
4. 刷防护材料、油漆</td></tr>
<tr><td>020302004</td><td>藤条造型悬挂吊顶</td><td rowspan="2">1. 底层厚度、砂浆配合比
2. 骨架材料种类、规格
3. 面层材料品种、规格、颜色
4. 防护层材料种类
5. 油漆品种、刷漆遍数</td><td rowspan="2">1. 基层清理
2. 底层抹灰
3. 龙骨安装
4. 铺贴面层
5. 刷防护材料、油漆</td></tr>
<tr><td>020302005</td><td>织物软雕吊顶</td></tr>
<tr><td>020302006</td><td>网架(装饰)吊顶</td><td>1. 底层厚度、砂浆配合比
2. 面层材料品种、规格、颜色
3. 防护材料品种
4. 油漆品种、刷漆遍数</td><td>1. 基层清理
2. 底面抹灰
3. 面层安装
4. 刷防护材料、油漆</td></tr>
</table>

B.3.3 顶棚其他装饰。工程量清单项目设置及工程量计算规则，应按表 B.3.3 的规定执行。

表 B.3.3 顶棚其他装饰（编码：020303）

项目编码	项目名称	项目特征	计量单位	工程量计算规则	工程内容
020303001	灯带	1. 灯带型式、尺寸 2. 格栅片材料品种、规格、品牌、颜色 3. 安装固定方式	m^2	按设计图示尺寸以框外围面积计算	安装、固定
020303002	送风口、回风口	1. 风口材料品种、规格、品牌、颜色 2. 安装固定方式 3. 防护材料种类	个	按设计图示数量计算	1. 安装、固定 2. 刷防护材料

B.3.4 采光顶棚和顶棚设保温隔热吸音层时，应按 A.8 中相关项目编码列项。

B.4 门窗工程

B.4.1 木门。工程量清单项目设置及工程量计算规则，应按表 B.4.1 的规定执行。

表 B.4.1 木门（编码：020401）

项目编码	项目名称	项目特征	计量单位	工程量计算规则	工程内容
020401001	镶板木门	1. 门类型 2. 框截面尺寸、单扇面积 3. 骨架材料种类 4. 面层材料品种、规格、品牌、颜色 5. 玻璃品种、厚度、五金特殊要求 6. 防护层材料种类 7. 油漆品种、刷漆遍数	樘/m^2	按设计图示数量或设计图示洞口尺寸以面积计算	1. 门制作、运输、安装 2. 五金、玻璃安装 3. 刷防护材料、油漆
020401002	企口木板门				
020401003	实木装饰门				
020401004	胶合板门				
020401005	夹板装饰门	1. 门类型 2. 框截面尺寸、单扇面积 3. 骨架材料种类 4. 防水材料种类 5. 门纱材料品种、规格 6. 面层材料品种、规格、品牌、颜色 7. 玻璃品种、厚度、五金特殊要求 8. 防护材料种类 9. 油漆品种、刷漆遍数			
020401006	木质防火门				
020401007	木纱门				
020401008	连窗门	1. 门窗类型 2. 框截面尺寸、单扇面积 3. 骨架材料种类 4. 面层材料品种、规格、品牌、颜色 5. 玻璃品种、厚度、五金特殊要求 6. 防护材料种类 7. 油漆品种、刷漆遍数			

B.4.2　金属门。工程量清单项目设置及工程量计算规则，应按表 B.4.2 的规定执行。

表 B.4.2　金属门（编码：020402）

项目编码	项目名称	项目特征	计量单位	工程量计算规则	工程内容
020402001	金属平开门	1. 门类型 2. 框材质、外围尺寸 3. 扇材质、外围尺寸 4. 玻璃品种、厚度、五金材料、品种、规格 5. 防护材料种类 6. 油漆品种、刷漆遍数	樘/m²	按设计图示数量或设计图示洞口尺寸以面积计算	1. 门制作、运输、安装 2. 五金、玻璃安装 3. 刷防护材料、油漆
020402002	金属推拉门				
020402003	金属地弹门				
020402004	彩板门				
020402005	塑钢门				
020402006	防盗门				
020402007	钢质防火门				

B.4.3　金属卷帘门。工程量清单项目设置及工程量计算规则，应按表 B.4.3 的规定执行。

表 B.4.3　金属卷帘门（编码：020403）

项目编码	项目名称	项目特征	计量单位	工程量计算规则	工程内容
020403001	金属卷闸门	1. 门材质、框外围尺寸 2. 启动装置品种、规格、品牌 3. 五金材料、品种、规格 4. 刷防护材料种类 5. 油漆品种、刷漆遍数	樘/m²	按设计图示数量或设计图示洞口尺寸以面积计算	1. 门制作、运输、安装 2. 启动装置、五金安装 3. 刷防护材料、油漆
020403002	金属格栅门				
020403003	防火卷帘门				

B.4.4　其他门。工程量清单项目设置及工程量计算规则，应按表 B.4.4 的规定执行。

表 B.4.4　其他门（编码：020404）

项目编码	项目名称	项目特征	计量单位	工程量计算规则	工程内容
020404001	电子感应门	1. 门材质、品牌、外围尺寸 2. 玻璃品种、厚度、五金材料、品种、规格 3. 电子配件品种、规格、品牌 4. 防护材料种类 5. 油漆品种、刷漆遍数	樘/m²	按设计图示数量或设计图示洞口尺寸以面积计算	1. 门制作、运输、安装 2. 五金、电子配件安装 3. 刷防护材料、油漆
020404002	转门				
020404003	电子对讲门				
020404004	电动伸缩门				
020404005	全玻门（带扇框）	1. 门类型 2. 框材质、外围尺寸 3. 扇材质、外围尺寸 4. 玻璃品种、厚度、五金材料、品种、规格 5. 防护材料种类 6. 油漆品种、刷漆遍数			1. 门制作、运输、安装 2. 五金安装 3. 刷防护材料、油漆
020404006	全玻自由门（无扇框）				
020404007	半玻门（带扇框）				
020404008	镜面不锈钢饰面门				

B.4.5　木窗。工程量清单项目设置及工程量计算规则，应按表 B.4.5 的规定执行。

表 B.4.5　木窗（编码：020405）

项目编码	项目名称	项目特征	计量单位	工程量计算规则	工程内容
020405001	木质平开窗	1. 窗类型 2. 框材质、外围尺寸 3. 扇材质、外围尺寸 4. 玻璃品种、厚度、五金材料、品种、规格 5. 防护材料种类 6. 油漆品种、刷漆遍数	樘/m^2	按设计图示数量或设计图示洞口尺寸以面积计算	1. 窗制作、运输、安装 2. 五金、玻璃安装 3. 刷防护材料、油漆
020405002	木质推拉窗				
020405003	矩形木百叶窗				
020405004	异形木百叶窗				
020405005	木组合窗				
020405006	木天窗				
020405007	矩形木固定窗				
020405008	异形木固定窗				
020405009	装饰空花窗				

B.4.6　金属窗。工程量清单项目设置及工程量计算规则，应按表 B.4.6 的规定执行。

表 B.4.6　金属窗（编码：020406）

项目编码	项目名称	项目特征	计量单位	工程量计算规则	工程内容
020406001	金属推拉窗	1. 窗类型 2. 框材质、外围尺寸 3. 扇材质、外围尺寸 4. 玻璃品种、厚度、五金材料、品种、规格 5. 防护材料种类 6. 油漆品种、刷漆遍数	樘/m^2	按设计图示数量或设计图示洞口尺寸以面积计算	1. 窗制作、运输、安装 2. 五金、玻璃安装 3. 刷防护材料、油漆
020406002	金属平开窗				
020406003	金属固定窗				
020406004	金属百叶窗				
020406005	金属组合窗				
020406006	彩板窗				
020406007	塑钢窗				
020406008	金属防盗窗				
020406009	金属格栅窗				
0204060010	特殊五金	1. 五金名称、用途 2. 五金材料、品种、规格	个/套	按设计图示数量计算	1. 五金安装 2. 刷防护材料、油漆

B.4.7　门窗套。工程量清单项目设置及工程量计算规则，应按表 B.4.7 的规定执行。

表 B.4.7　门窗套（编码：020407）

项目编码	项目名称	项目特征	计量单位	工程量计算规则	工程内容
020407001	木门窗套	1. 底层厚度、砂浆配合比 2. 立筋材料种类、规格 3. 基层材料种类 4. 面层材料品种、规格、品种、品牌、颜色 5. 防护材料种类 6. 油漆品种、刷油遍数	m^2	按设计图示尺寸以展开面积计算	1. 清理基层 2. 底层抹灰 3. 立筋制作、安装 4. 基层板安装 5. 面层铺贴 6. 刷防护材料、油漆
020407002	金属门窗套				
020407003	石材门窗套				
020407004	门窗木贴脸				
020407005	硬木筒子板				
020407006	饰面夹板筒子板				

B.4.8　窗帘盒、窗帘轨。工程量清单项目设置及工程量计算规则，应按表 B.4.8 的规定执行。

表 B.4.8　窗帘盒、窗帘轨（编码：020408）

项目编码	项目名称	项目特征	计量单位	工程量计算规则	工程内容
020408001	木窗帘盒	1. 窗帘盒材质、规格、颜色 2. 窗帘轨材质、规格 3. 防护材料种类 4. 油漆种类、刷漆遍数	m	按设计图示以长度计算	1. 制作、运输、安装 2. 刷防护材料、油漆
020408002	饰面夹板、塑料窗帘盒				
020408003	金属窗帘盒				
020408004	窗帘轨				

B.4.9　窗台板。工程量清单项目设置及工程量计算规则，应按表 B.4.9 的规定执行。

表 B.4.9　窗台板（编码：020409）

项目编码	项目名称	项目特征	计量单位	工程量计算规则	工程内容
020409001	木窗台板	1. 找平层厚度、砂浆配合比 2. 窗台板材质、规格、颜色 3. 防护材料种类 4. 油漆种类、刷漆遍数	m	按设计图示以长度计算	1. 基层清理 2. 抹找平层 3. 窗台板制作、安装 4. 刷防护材料、油漆
020409002	铝塑窗台板				
020409003	石材窗台板				
020409004	金属窗台板				

B.4.10　其他相关问题应按下列规定处理：

1. 玻璃、百叶面积占其门扇面积一半以内者为半玻门或半百叶门，超过一半时应为全玻门或全百叶门。

2. 木门五金应包括：折页、插销、风钩、弓背拉手、搭扣、木螺丝、弹簧折页（自动门）、管子拉手（自动门、地弹门）、地弹簧（地弹门）、角铁、门轧头（地弹门、自由门）等。

3. 木门五金应包括：折页、插销、木螺丝、滑轮滑轨（推拉窗）等。

4. 铝合金窗五金应包括：卡锁、滑轮、铰链、执手、拉把、拉手、风撑、角码、牛角制等。

5. 铝合金门五金应包括：地弹簧、门锁、拉手、门插、门铰、螺丝等。

6. 其他门五金应包括：L 型执手插锁（双舌）、球形执手锁（单舌）、门轧头、地锁、防盗门扣、门眼（猫眼）、门碰珠、电子销（磁卡销）、闭门器、装饰拉手等。

B.5　油漆、涂料、裱糊工程

B.5.1　门油漆。工程量清单项目设置及工程量计算规则，应按表 B.5.1 的规定执行。

表 B.5.1　门油漆（编码：020501）

项目编码	项目名称	项目特征	计量单位	工程量计算规则	工程内容
020502001	门油漆	1. 门类型 2. 腻子种类 3. 刮腻子要求 4. 防护材料种类 5. 油漆品种、刷漆遍数	樘/m^2	按设计图示数量或设计图示单面洞口面积计算	1. 基层清理 2. 刮腻子 3. 刷防护材料、油漆

B.5.2 窗油漆。工程量清单项目设置及工程量计算规则，应按表B.5.2的规定执行。

表B.5.2 窗油漆（编码：020502）

项目编码	项目名称	项目特征	计量单位	工程量计算规则	工程内容
020502001	窗油漆	1. 窗类型 2. 腻子种类 3. 刮腻子要求 4. 防护材料种类 5. 油漆品种、刷漆遍数	樘/m^2	按设计图示数量或设计图示单面洞口面积计算	1. 基层清理 2. 刮腻子 3. 刷防护材料、油漆

B.5.3 木扶手及其他板条线条油漆。工程量清单项目设置及工程量计算规则，应按表B.5.3的规定执行。

表B.5.3 木扶手及其他板条线条油漆（编码：020503）

项目编码	项目名称	项目特征	计量单位	工程量计算规则	工程内容
020503001	木扶手油漆	1. 腻子种类 2. 刮腻子要求 3. 油漆部位单位展开面积 4. 油漆体长度 5. 防护材料种类 6. 油漆品种、刷漆遍数	m	按设计图示以长度计算	1. 基层清理 2. 刮腻子 3. 刷防护材料、油漆
020503002	窗帘盒油漆				
020503003	封檐板、顺水板油漆				
020503004	挂衣板、黑板框油漆				
020503005	挂镜线、窗帘棍、单独木线油漆				

B.5.4 木材面油漆。工程量清单项目设置及工程量计算规则，应按表B.5.4的规定执行。

表B.5.4 木材面油漆（编码：020504）

项目编码	项目名称	项目特征	计量单位	工程量计算规则	工程内容
020504001	木板、纤维板、胶合板油漆	1. 腻子种类 2. 刮腻子要求 3. 防护材料种类 4. 油漆品种、刷漆遍数	m^2	按设计图示尺寸以面积计算	1. 基层清理 2. 刮腻子 3. 刷防护材料、油漆
020504002	木护墙、木墙裙油漆				
020504003	窗台板、筒子板、盖板、门窗套、踢脚线油漆				
020504004	清水板条顶棚、檐口油漆				
020504005	木方格吊顶顶棚油漆				
020504006	吸声板墙面、顶棚面油漆				
020504007	暖气罩油漆				
020504008	木间壁、木隔断油漆			按设计图示尺寸以单面外围面积计算	
020504009	玻璃间壁露明墙筋油漆				
020504010	木栅栏、木栏杆（带扶手）油漆				
020504011	衣柜、壁柜油漆			按设计图示尺寸以油漆部分展开面积计算	
020504012	梁柱饰面油漆				
020504013	零星木装修油漆				
020504014	木地板油漆				
020504015	木地板烫硬蜡面	1. 硬蜡品种 2. 面层处理要求		按设计图示尺寸以面积计算。空洞、空圈、暖气包槽、壁龛的开口部分并入相应的工程量内	1. 基层清理 2. 烫蜡

B.5.5　金属面油漆。工程量清单项目设置及工程量计算规则，应按表 B.5.5 的规定执行。

表 B.5.5　金属面油漆（编码：020505）

项目编码	项目名称	项目特征	计量单位	工程量计算规则	工程内容
020505001	金属面油漆	1. 腻子种类 2. 刮腻子要求 3. 防护材料种类 4. 油漆品种、刷漆遍数	t	按设计图示质量计算	1. 基层清理 2. 刮腻子 3. 刷防护材料、油漆

B.5.6　抹灰面油漆。工程量清单项目设置及工程量计算规则，应按表 B.5.64 的规定执行。

表 B.5.6　抹灰面油漆（编码：020506）

项目编码	项目名称	项目特征	计量单位	工程量计算规则	工程内容
020506001	抹灰面油漆	1. 腻子种类 2. 刮腻子要求 3. 防护材料种类 4. 油漆品种、刷漆遍数	m^2	按设计图示尺寸以面积计算	1. 基层清理 2. 刮腻子 3. 刷防护材料、油漆
020506002	抹灰线条油漆				

B.5.7　喷塑、涂料。工程量清单项目设置及工程量计算规则，应按表 B.5.7 的规定执行。

表 B.5.7　喷塑、涂料（编码：020507）

项目编码	项目名称	项目特征	计量单位	工程量计算规则	工程内容
020507001	刷喷涂料	1. 腻子种类 2. 刮腻子要求 3. 涂料品种、刷喷遍数	m^2	按设计图示尺寸以面积计算	1. 基层清理 2. 刮腻子 3. 涂料刷、喷

B.5.8　花饰、线条刷涂料。工程量清单项目设置及工程量计算规则，应按表 B.5.8 的规定执行。

表 B.5.8　花饰、线条刷涂料（编码：020508）

项目编码	项目名称	项目特征	计量单位	工程量计算规则	工程内容
020508001	空花格、栏杆刷涂料	1. 腻子种类 2. 线条宽度	m^2	按设计图示尺寸以单面外围面积计算	1. 基层清理 2. 刮腻子
020508002	线条刷涂料	3. 刮腻子要求 4. 涂料品种、刷喷遍数	m	按设计图示以长度计算	3. 喷、刷涂料

B.5.9　裱糊。工程量清单项目设置及工程量计算规则，应按表 B.5.9 的规定执行。

表 B.5.9　裱糊（编码：020509）

项目编码	项目名称	项目特征	计量单位	工程量计算规则	工程内容
020509001	墙纸裱糊	1. 基层类型 2. 裱糊构件部位 3. 腻子种类 4. 刮腻子要求 5. 粘结材料种类 6. 防护材料种类 7. 面层材料品种、规格、品牌、颜色	m^2	按设计图示尺寸以面积计算	1. 基层清理 2. 刮腻子 3. 面层铺粘 4. 刷防护材料
020509002	织锦缎裱糊				

B.5.10　其他相关问题应按下列规定处理：

1. 门油漆应区分单层木门、双层(一玻一纱)木门、双层(单裁口)木门、全玻自动门、半玻自动门、装饰门及有框门或无框门等，分别编码列项。

2. 窗油漆应区分单层玻璃窗、双层(一玻一纱)木窗、双层框扇(单裁口)木窗、双层框三层(二玻一纱)木窗、单层组合窗、双层组合窗、木百叶窗、木推拉窗等，分别编码列项。

3. 木扶手应区分带托板与不带托板，分别编码列项。

B.6　其他工程

B.6.1　柜类、货架。工程量清单项目设置及工程量计算规则，应按表B.6.1的规定执行。

表B.6.1　柜类、货架（编码：020601）

项目编码	项目名称	项目特征	计量单位	工程量计算规则	工程内容
020609001	柜台	1. 台柜规格 2. 材料种类、规格 3. 五金种类、规格 4. 防护材料种类 5. 油漆品种、刷漆遍数	个	按设计图示数量计算	1. 台柜制作、运输、安装(安放) 2. 刷防护材料、油漆
020609002	酒柜				
020609003	衣柜				
020609004	存包柜				
020609005	鞋柜				
020609006	书柜				
020609007	厨房壁柜				
020609008	木壁柜				
020609009	厨房底柜				
0206090010	厨房吊柜				
0206090011	矮柜				
0206090012	吧台背柜				
0206090013	酒吧吊柜				
0206090014	酒吧台				
0206090015	展台				
0206090016	收银台				
0206090017	试衣间				
0206090018	货架				
0206090019	书架				
0206090020	服务台				

B.6.2　暖气罩。工程量清单项目设置及工程量计算规则，应按表B.6.2的规定执行。

表B.6.2　暖气罩（编码：020602）

项目编码	项目名称	项目特征	计量单位	工程量计算规则	工程内容
020602001	饰面板暖气罩	1. 暖气罩材质 2. 单个罩垂直投影面积 3. 防护材料种类 4. 油漆品种、刷漆遍数	m^2	按设计图示尺寸以垂直投影面积(不展开)计算	1. 暖气罩制作、运输、安装 2. 刷防护材料、油漆
020602002	塑料板暖气罩				
020602003	金属暖气罩				

B. 6. 3　浴厕配件。工程量清单项目设置及工程量计算规则，应按表 B. 6. 3 的规定执行。

表 B. 6. 3　暖气罩（编码：020603）

项目编码	项目名称	项目特征	计量单位	工程量计算规则	工程内容
020603001	洗漱台	1. 材料品种、规格、品牌、颜色 2. 支架、配件品种、规格、品牌 3. 油漆品种、刷漆遍数	m^2	按设计图示尺寸以台面外接矩形面积计算。不扣除孔洞、挖弯、削角所占面积，挡板、吊沿板面积并入台面面积内	1. 台面及支架制作、运输、安装 2. 杆、环、盒、配件安装 3. 刷油漆
020603002	晒衣架				
020603003	帘子杆				
020603004	浴缸拉手				
020603005	毛巾杆(架)				
020603006	毛巾环				
020603007	卫生纸盒				
020603008	肥皂盒				
020603009	镜面玻璃	1. 镜面玻璃品种、规格 2. 框材质、断面尺寸 3. 基层材料种类 4. 防护材料种类 5. 油漆品种、刷漆遍数	m^2	按设计图示尺寸以边框外围面积计算	1. 基层安装 2. 玻璃及框制作、运输、安装 3. 刷防护材料、油漆
020603010	镜箱	1. 箱材质、规格 2. 玻璃品种、规格 3. 基层材料种类 4. 防护材料种类 5. 油漆品种、刷漆遍数	个	按设计图示数量计算	1. 基层安装 2. 箱体制作、运输、安装 3. 玻璃安装 4. 刷防护材料、油漆

B. 6. 4　压条、装饰线。工程量清单项目设置及工程量计算规则，应按表 B. 6. 4 的规定执行。

表 B. 6. 4　压条、装饰线（编码：020604）

项目编码	项目名称	项目特征	计量单位	工程量计算规则	工程内容
020604001	金属装饰线	1. 基层类型 2. 线条材料品种、规格、颜色 3. 防护材料种类 4. 油漆品种、刷漆遍数	m	按设计图示以长度计算	1. 线条制作、安装 2. 刷防护材料、油漆
020604002	木质装饰线				
020604003	石材装饰线				
020604004	石膏装饰线				
020604005	镜面玻璃线				
020604006	铝塑装饰线				
020604007	塑料装饰线				

B. 6. 5　雨篷、旗杆。工程量清单项目设置及工程量计算规则，应按表 B. 6. 5 的规定执行。

表 B. 6. 5　雨篷、旗杆（编码：020605）

项目编码	项目名称	项目特征	计量单位	工程量计算规则	工程内容
020605001	雨篷吊挂饰面	1. 基层类型 2. 龙骨材料种类、规格、中距 3. 面层材料品种、规格、品牌 4. 嵌缝材料种类 5. 防护材料种类 6. 油漆品种、刷漆遍数	m^2	按设计图示尺寸以水平投影面积计算	1. 底层抹灰 2. 龙骨基层安装 3. 面层安装 4. 刷防护材料、油漆
020605002	金属旗杆	1. 旗杆材类、种类、规格 2. 旗杆高度	根	按设计图示数量计算	1. 土石挖填 2. 基础混凝土浇注 3. 旗杆制作、安装 4. 旗杆台座制作、饰面

B.6.6　招牌、灯箱。工程量清单项目设置及工程量计算规则，应按表B.6.6的规定执行。

表B.6.6　招牌、灯箱（编码：020606）

项目编码	项目名称	项目特征	计量单位	工程量计算规则	工程内容
020606001	平面、箱式招牌	1. 箱体规格 2. 基层材料种类 3. 面层材料种类 4. 防护材料种类 5. 油漆品种、刷漆遍数	m^2	按设计图示尺寸以正立面边框外围面积计算。复杂形的凸凹造型部分不增加面积	1. 基层安装 2. 箱体及支架制作、运输、安装 3. 面层制作、安装 4. 刷防护材料、油漆
020606002	竖式标箱		个	按设计图示数量计算	
020606003	灯箱				

B.6.7　美术字。工程量清单项目设置及工程量计算规则，应按表B.6.7的规定执行。

表B.6.7　美术字（编码：020607）

项目编码	项目名称	项目特征	计量单位	工程量计算规则	工程内容
020607001	泡沫塑料字	1. 基层类型 2. 镌字材料品种、颜色 3. 字体规格 4. 固定方式 5. 油漆品种、刷漆遍数	个	按设计图示数量计算	1. 字制作、运输、安装 2. 刷油漆
020607002	有机玻璃字				
020607003	木质字				
020607004	金属字				

二、措施项目

序　号	项 目 名 称
2.1	脚手架
2.2	垂直运输机械
2.3	空内空气污染测试

注：1. 上述内容引自《建设工程工程量清单计价规范》(GB 50500—2008)附录B。

2.《建设工程工程量清单计价规范》(GB 50500—2008)(以下简称08规范)附录B相对于《建设工程工程量清单计价规范》(GB 50500—2003)(以下简称03规范)附录B的调整之处如下：

(1) 措施项目："08规范"将"03规范"附录B的项目定义为实体项目，并将"03规范"表3.3.1列项的专业工程措施项目列入附录，定义为措施项目。项目中增列"脚手架"。

(2) 计量单位和工程量计算规则："08规范"对"03规范"附录中反映较大的工程实体项目的计量单位作了增加，并相应调整了工程量计算规则，具体如下：

1) 表B.2.4墙面镶贴块料（编码：020204）、表B.2.5柱面镶贴块料（编码：020205）、表B.2.6零星镶贴块料（编码：020206）中的工程量计算规则"08规范"修改为"按设计图示尺寸以镶贴表面积计算"，和"03规范"的"按设计图示尺寸以面积计算"相比，强调了"表面积"，减少了歧义。

2) 表B.4.1木门（编码：020401）、表B.4.2金属门（编码：020402）、表B.4.3金属卷帘门（编码：020403）、表B.4.4其他门（编码：020404）、表B.4.5木窗（编码：020405）、表B.4.6金属窗（编码：020406）中的计量单位"08规范"增加了"m^2"，列为"樘/m^2"，工程量计算规则相应调整为"按设计图示数量或设计图示洞口尺寸以面积计算"。与"03规范"相比，增加了一个计量单位和相应计算规则，实际工作中，应选择最适宜、最方便计量的单位来表示并进行相应的工程量计算。

3) 表B.5.1门油漆（编码：020501）、表B.5.2窗油漆（编码：020502）中的计量单位"08规范"增加"m^2"，列为"樘/m^2"；工程量计算规则相应调整为："按设计图示数量或设计图示单面洞口尺寸以面积计算"。与"03规范"相比，也增加了一个计量单位和相应的计算规则。

参考文献

[1] 朱志杰. 建筑装饰装修工程预算报价手册［M］. 北京：中国建筑工业出版社，2004.

[2] 李永福. 建筑装饰工程定额计价与报价［M］. 北京：中国电力出版社，2005.

[3] 张崇庆. 建筑装饰工程预算［M］. 北京：机械工业出版社，2007.

[4] 李成贞. 建筑装饰工程计量与计价［M］. 北京：中国建筑工业出版社，2006.

[5] 建设部标准定额研究所. GYD-901—2002 全国统一建筑装饰装修工程消耗量定额［S］. 北京：中国计划出版社，2002.

[6] 肖伦斌. 建筑装饰工程计价［M］. 武汉：武汉理工大学出版社，2004.

[7] 袁建新. 建筑装饰工程预算［M］. 北京：科学出版社，2006.

[8] 田永复. 编制装饰装修工程量清单与定额［M］. 北京：中国建筑工业出版社，2004.

[9] 本书编委会. 建筑与装饰装修工程计价应用与案例［M］. 北京：中国建筑工业出版社，2004.

[10] 广东省建设厅. 广东省装饰装修工程计价办法 2006［S］. 北京：中国计划出版社，2005.

[11] 中华人民共和国建设部. GB 50500—2003 建设工程工程量清单计价规范［S］. 北京：中国计划出版社，2003.

[12] 雷胜强，刘桦. 建筑装饰工程招投标手册［M］. 2 版. 北京：中国建筑工业出版社，2006.

[13] 但霞. 建筑装饰工程预算［M］. 北京：中国建筑工业出版社，2004.

[14] 王朝霞. 建筑工程计量与计价［M］. 北京：机械工业出版社，2007.

[15] 王武齐. 建筑工程计量与计价［M］. 北京：中国建筑工业出版社，2004.

[16] 何辉. 建筑工程预算新教程［M］. 杭州：浙江人民出版社，2005.

[17] 栋梁工作室. 全国统一建筑装饰装修工程消耗量定额应用手册［M］. 北京：中国建筑工业出版社，2005.

[18] 中华人民共和国住房和城乡建设部. GB 50500—2008 建设工程工程量清单计价规范［S］. 北京：计划出版社，2008.